Jean Riondet

Monat für Monat
Imkern leicht gemacht

Aus dem Französischen von Claudia Händel

175 Farbfotos
50 Zeichnungen

Ulmer

Vorwort

Das Bienenjahr geht mit dem Jahreszeitenzyklus einher bzw. nimmt ihn vorweg. Einer der Schlüssel zur erfolgreichen Imkerei ist der richtige Zeitpunkt, zu dem der Imker eingreift, um die Entwicklung seiner Völker zu begleiten. Jede Verzögerung erweist sich als nachteilig.

Von den ersten Frühlingstagen bis zum letzten Einbringen von Pollen im Herbst muss der Imker seine Bienenstände regelmäßig überprüfen und bei Bedarf eingreifend tätig werden. Im Winter werden die Werkstatt- und Imkereiarbeiten durchgeführt, um die kommende Saison vorzubereiten.

Jean Riondet, passionierter und erfahrener Imker, seit vielen Jahren Mitarbeiter der Zeitschrift *Abeilles et Fleurs* (Bienen und Blumen) und Ausbilder, lädt uns in diesem schönen Werk dazu ein, Monat für Monat die Bienenvölker bei ihrer Entwicklung und den Imker bei seinen verschiedenen Aufgaben zu begleiten.

Dieses umfassende und ausgezeichnete Werk richtet sich an jedermann: Berufsimker, Nebenerwerbsimker und Hobbyimker. Es ist ein unverzichtbarer Führer durch das ganze Jahr für eine erfolgreiche Bienenhaltung.

Ich wünsche Ihnen eine spannende Lektüre sowie starke Bienenvölker und gute Ernten!

Henri Clément
Vorsitzender der Union nationale de l'apiculture française
(U.N.A.F., französischer Imkerverband)

Einführung

„Die ganze Kunst des Bienenzüchters besteht darin, gut bevölkerte Bienenstöcke zu haben. Das ist ein Grundsatz, von dem man niemals abweichen sollte.“
Imkerkalender, 1890, A. Contardi.

120 Jahre später ist dieser Grundsatz aktueller denn je. Ein instabiles Umfeld, zahlreiche Parasiten – nur starke Bienenvölker können unter diesen Bedingungen überleben. Folglich ist jeder moderne Bienenzüchter bestrebt, solche Völker hervorzubringen.

Der vorliegende Kalender soll dem Leser als Begleiter durch das Bienenjahr dienen, als Ratgeber von Januar bis Dezember, als Nachschlagewerk für den imkerlichen Jahresablauf. Alle Bienenzüchter wissen, dass die Imkersaison recht kurz ist und jeder Moment zählt. Die Frühtracht stellt die Nahrungsgrundlage für eine aufsteigende Entwicklung der Bienenvölker dar. Die explosionsartige Vermehrung der Völker innnerhalb weniger Wochen sichert den größten Bestand an Individuen im Jahresverlauf, der wiederum das Volk in die Lage versetzt, ein Überangebot an Honig zu erwirtschaften. Dieser Überschuss im Verhältnis zum Bedarf der Bienenvölker wird vom Imker entnommen. Pierre Jean-Prost unterscheidet zwischen überschüssigem Honig, von dem wir Menschen profitieren, und Honig für den Eigenbedarf der Bienen.

Arbeitsbiene (Arbeiterin).

Diese Unterscheidung sollte man sich immer vor Augen halten: Der Imker ist im Grunde genommen ein Räuber der Honigvorräte, die sich die Bienenvölker zum bestmöglichen Zeitpunkt, nämlich dem Frühjahr, zulegen, um während des restlichen Jahres, das nicht so nektar- und pollenreich ist, zu überleben. Dadurch wird der Imker einigen Regeln unterworfen. Unsere Honigentnahmen müssen dem Lebensrhythmus der Völker angepasst sein. Wir müssen natürlich vermeiden, dass sie zu einem ungünstigen Zeitpunkt verhungern. Dies setzt jedoch voraus, den Bienen den Honig, den sie benötigen, in Form von Zucker zu füttern und sie gleichzeitig mit den notwendigen Proteinen zu versorgen.

Folglich geht es darum, einen Honigüberschuss produzieren zu lassen, ohne jedoch den Eigenbedarf der Bienen zu gefährden, der ihr Überleben garantiert.

Die Völkerführung des Hobbyimkers sollte sich eng an den Jahreszeiten sowie an der Biologie der Biene, der Völkerentwicklung und dem immer wieder erstaunlichen Zyklus der Trachtverhältnisse in der Umgebung des Bienenstandes orientieren.

Kontrollgang am Bienenstand.

Die Grundsätze der Völkerführung sind relativ einfach und reichen weit zurück. Pfarrer Emile Warré steht das Verdienst zu, diese Grundsätze aufgestellt zu haben.

Auf die Einschränkungen der modernen Imkerei findet der Grundsatz von Contardi in der Gesundheitsüberwachung der Bienenvölker, ihrer Fütterung zum richtigen Zeitpunkt und der Erneuerung der Königinnen seine Anwendung. Der von Pfarrer Warré aufgestellte Grundsatz verweist auf die Notwendigkeit, die Tracht zu gleichen Teilen zwischen Imker und Völkern aufzuteilen.

Diese beiden Grundsätze der modernen Bienenzucht ziehen sich wie ein roter Faden durch das vorliegende Buch: Erfolg hat, wer über stets wohlgenährte Bienenvölker verfügt und durch geeignete Maßnahmen Krankheiten verhütet, wobei Sauberkeit die Grundlage für eine ordentliche Völkerführung ist.

Seit dem Auftreten von *Varroa jacobsoni* im Jahre 1983 werden die Bienen durch diesen Ektoparasiten geschwächt. Der Parasit saugt Hämolymphe aus den Bienen und Larven, sodass Bakterien und Viren durch die von ihm verursachten Verletzungen eindringen können. Die Völker sind in einem gesundheitlich schlechten Zustand, den jeder Imker äußerst wachsam beobachten muss. Noch nie zuvor gab es einen bakteriellen und viralen Befall solchen Ausmaßes in den Bienenständen. Dieser Umstand sollte zum Grundwissen eines jeden modernen Imkers gehören.

Darüber hinaus führen Monokulturen, fehlende jährliche Fruchtwechsel zwischen Hülsenfrüchten und Getreide, der mancherorts überwiegende Anbau von Mais, verfrühtes Mähen sowie die Wartung der Grünstreifen am Straßenrand zur Verarmung der Umwelt an Pollentracht. Blütenstaub ist die Quelle der für die Gesundheit der Bienen, der Brutpflege und die Eiablage der Königin unerlässlichen Eiweißstoffe. Dies hat zur Folge, dass mangelernährte, krankheitsanfällige Bienen aufgezogen werden, deren Lebenserwartung sehr kurz ist.

Zu den schädlichen Umwelteinflüssen zählen auch die zahlreichen, vor allem systemisch wirkenden Pestizide und deren Rückstände in den Pollentrachten, die die Bienen eintragen. Diese Mittel hinterlassen in zahlreichen Blumen Toxine, zwar in geringen Mengen, aber dennoch in ausreichender Konzentration, um den Nektar zu vergiften*. Die durch diese Chemikalien verursachten Gefahren, auch für die Gesundheit der Menschen, haben zu dem Beinamen der Biene als „Wächterin der Umwelt" geführt.

Jeder Imker weiß: Völkerverluste sind ein großes Problem, das vermutlich auf ein Zusammentreffen verschiedener Faktoren zurückzuführen ist. Zusätzlich zur Varroamilbe scheinen die systemischen Insektizide eine der möglichen Hauptursachen für Erkrankungen zu sein, an denen die Bienen in unserer heutigen

* Chronische Vergiftung, nach dem im Juni 2009 von Anne Alix, Leiterin der Abteilung für Ökotoxikologie der AFSSA (Französische Agentur für Lebensmittelsicherheit) vorgelegten Bericht über Mortalität, Untergang und Schwächung von Bienenvölkern.

Warré-Beute mit Satteldach.

Zeit verenden. In Verbindung mit agrochemischen Produkten ist ihr Einsatz sehr besorgniserregend und Gegenstand oftmals hart ausgetragener Konflikte zwischen Imkern und Herstellern der Pflanzenschutzmittel. Es wird ein Bericht nach dem anderen geschrieben, Experten werden einberufen, angeprangert, die Methoden kritisiert, die Behörden sind überlastet und werden der Absprachen mit der jeweiligen Industrie-, Landwirtschafts- oder Züchterlobby verdächtigt, die diese Mittel verwenden. In jedem Fall sind nur die Berufsorganisationen, die Imkervereinigungen, die Regierungen und die öffentliche Meinung in der Lage, die agrochemische Forschung so zu lenken, dass Produkte entwickelt werden, die der Gesundheit der Bienen weniger abträglich sind.

Auch und vor allem jeder Imker ist dazu aufgerufen, in diesem Konflikt Stellung zugunsten der Bienenvölker zu beziehen. Neben seiner Mitgliedschaft im örtlichen Imkerverein und den damit verbundenen Aktivitäten muss der Imker für seine Bienenstände Strategien zur Erhaltung seiner Bienenvölker unter Berücksichtigung dieser schädlichen Faktoren entwickeln.

Bestätigt wird dies durch Dr. Albert Becker (vom Analytiklabor CETAM-L im Jahr 2009): „In weniger als einem Jahrhundert sind wir von einer weit über das Land verstreuten Bienenwirtschaft in Form von einfachem Kleinimkern zu einer Konzentration von Bienenvölkern und extensiven Nutzungsmethoden übergegangen, die sehr

Biene auf Löwenzahn.

solide Kenntnisse der Imkereitechnik und Gesundheitsmaßnahmen für die Bienenvölker erfordern, die nicht immer in allen Imkereibetrieben vorhanden sind." Der vorliegende Kalender gibt für jeden Monat nützliche Ratschläge zur richtigen Führung und Behandlung der Völker, zur konsequenten Gesunderhaltung der Bienen und zu einer hohen Volksstärke.

In diesem Buch werden die einfachsten und gängigsten Methoden vorgestellt. Natürlich kann je nach Standort, Honigsorte oder Können des Imkers anders verfahren werden. Der interessierte Imker sei auf die in der Bibliografie genannten Referenztitel verwiesen.

Das vorliegende Werk ist das Ergebnis meiner persönlichen, über vierzigjährigen Erfahrung als Imker, zahlreicher Lektüre und gesammelter Informationen. Gleichermaßen mit eingeflossen sind meine Beobachtungen im Raum Lyon, wo sich meine Bienenstände befinden und wo ich Hobbyimker ausbilde. Obwohl die Winter in dieser Region kalt sein können, konnte ich anhand der jährlichen Klimaschwankungen beobachten, dass in milden Wintern die erste Pollentracht ab dem 1. Januar gesammelt werden konnte und in harten Wintern erst nach Anfang März. Je nach dem natürlichem Trachtangebot für Ihren eigenen Bienenstand, örtlich abweichenden Klimaschwankungen und dem Verlauf des Jahres kann sich die eine oder andere Maßnahme um einen Monat verschieben.

Im Laufe der Zeit und mit wachsender Erfahrung werden Sie die Arbeiten und Tipps an Ihre individuellen Bedürfnisse anpassen können.

Wie sagt Hr. Bocquet so schön: „Eine gute Planung der Imkersaison gewinnt zunehmend an Bedeutung. Besonders bei Bestandsverlusten im Jahreslauf müssen Honigerzeugung und Bruttätigkeit miteinander harmonieren, um sowohl eine gute Verjüngung des Bienenbestands (bzw. ein gutes Wachstum eines neu gebildeten) als auch die daraus folgende Honigproduktion zu gewährleisten".

Ich wünsche dem Leser viel Freude bei der Lektüre und eine gute Imkersaison.

Jean Riondet

Kalender

1 Januar

Der Januar ist der erste Monat im Kalenderjahr, aber einer der letzten Monate des Bienenjahres. Die neue Saison beginnt im Mai mit der Bildung von Kunstschwärmen oder natürlichen Schwärmen, die die Jahresernten vorbereiten. Neben der in den folgenden Monaten stattfindenden Honigernte bereitet der Imker im Verlauf des gesamten Jahres die Honigernte der Folgesaison vor. Die Stärke der Völker, ihr Gesundheitszustand und der Umfang ihrer Vorräte entscheiden über ihre künftige Produktivität.

Das Wetter im Januar

Im Januar sind die Tage kurz, kalte Temperaturen sind an der Tagesordnung – kurzum, es ist kein Wetter für die Bienen. Jeder Sonnentag ist gut für die Völker. Wenn die Sonne die kalte Luft erwärmt, können die Bienen auf ihren Reinigungsflug ausfliegen und sich ihrer Exkremente entledigen.

Bei trübem Wetter wäre die Kälte tödlich für die Bienen, also bleiben sie an solchen Tagen in der schützenden Beute.

Trachtpflanzen

Im Januar stehen in den meisten Regionen so gut wie keine Futterpflanzen oder Bäume zur Ernährung der Bienen in Blüte.

In unseren gemäßigten Breiten ist der Haselstrauch der erste Pollenspender. Dieses Trachtangebot ist für die Völker oftmals lebenswichtig, denn es erlaubt den Bienen, mit dem Brutgeschäft zu beginnen, sobald die eigenen Vorräte aufgebraucht sind.

In manchen Jahren kann der Januar besonders mild sein. Ich habe es schon erlebt, dass am 1. Januar Bienen vom Pollensammeln nach Lyon zurückgekehrt sind! Dieser Pollen stammte hauptsächlich vom immergrünen Geißblattgehölz.

In der Provence stehen Rosmarin, seit September Wilde Rauke (Rucola), Mimose und Mandelbäume in Blüte.

Je nach Region stehen auch Erdbeerbäume, Kaukasische Erle und bis März Schnee- oder Christrosen, Schneeglöckchen und Mahonie in Blüte.

ACHTUNG! GEFAHR!

Die von den Bienen wegen großer Kälte gebildete Wintertraube darf nicht aus Versehen zerstört werden. Die Bienen würden auf den Beutenboden fallen und vor Kälte klamm werden. Tiere, bei denen bereits die Kältestarre eingesetzt hat, können sich nicht mehr zur Wintertraube formieren, um die lebensrettende Wärme zu erzeugen, was zum Verlust des gesamten Volkes führen kann. Daher ist beim Kontrollgang am Bienenstand zu dieser Jahreszeit eine Beunruhigung der Völker tunlichst zu vermeiden.

Schneeglöckchen.

Mimosen in Blüte.

Rosmarin.

Lebensbedürfnisse des Bienenvolkes

Ein Leben auf Sparflamme

Es ist Winter, die Bienen leben ihr Leben auf Sparflamme, indem sie in der Wintertraube dicht an dicht aneinanderhängen. Während die Temperatur innerhalb der Beute etwas unter 0 °C fallen kann, wird eine nahezu konstante Temperatur von 35 °C in der Mitte der Wintertraube von den Bienen aufrechterhalten. Sobald die Sonne herauskommt, erwärmt sich das Holz der Beuten, sodass die Temperatur im Inneren ansteigt und Leben in das Volk kommt. Nun lockert sich die Wintertraube auf, manche Bienen fliegen aus, andere wiederum wandern auf Nahrungssuche von einer Wabe zur nächsten, wenn die Wabenzellen in der Nähe der Wintertraube leergefressen sind.

So wandert das Volk von einem Wabenrand zum anderen auf der Suche nach Honigvorräten und nähert sich auf diese Weise oftmals der wärmsten Seite der Beute.

Abwechselnd kalte und sehr sonnige Tage sind für die Völker sehr günstig. In Wintern, in denen die Sonne niemals die Bienenstände erwärmt, sind ungeachtet vorhandener Honigvorräte, Völkerverluste zu beobachten. In solchen Fällen findet man tote Bienen vor, die mit dem Kopf in leeren Futterwabenzellen stecken, obwohl sich auf der gegenüberliegenden Seite noch Honigvorräte befinden. Das deutet darauf hin, dass die Bienen nicht zahlreich genug waren, um so viel Wärme abzugeben, dass sie sich innerhalb der Beute auf die Suche nach vollen Honigwaben begeben konnten. Die Völker verbrauchen wenig Honig, lediglich soviel, wie sie zum Leben und zur Erzeugung der notwendigen Wärme benötigen. Je stärker das Volk, desto geringer die pro Biene verbrauchte Menge an Honig zur Wärmeerzeugung. Aus diesem Grund verbrauchen zahlenmäßig starke Völker nicht mehr Honig als zahlenmäßig schwache Völker.

Nach und nach werden die Vorräte an Futter zunehmend von der heranwachsenden Brut aufgebraucht.

Zur besseren Orientierung

1. Je stärker ein Volk ist, desto voller sind die Rähmchen mit Honig und umso geringer ist die Lebensgefahr durch Verhungern trotz vorhandener Honigvorräte. Daher ist es notwendig, nach erfolgter Ernte im Spätsommer die Zahl der Rähmchen pro Zarge auf 10 bis 8 zu reduzieren, um die Bienen dazu zu bringen, sie auf voller Höhe auszubauen.

2. Je schwerer die Beute ist, desto mehr Honig und Bienen enthält sie und umso höher die Wahrscheinlichkeit, dass es innerhalb von zwei Monaten Bienenbrut geben wird.

3. Je schwerer die Beute ist, desto mehr Gewicht wird sie zugunsten der Brut im Winter verlieren. Dies ist eine unumstößliche Regel, von der Sie sich jedes Jahr auf's Neue überzeugen können!

Die Eiablage der Königin beginnt

Gegen Monatsende werden die Tage spürbar länger. In der Provence und auch in Südfrankreich sowie in manchen warmen Jahren auch weiter nördlich erscheint die erste Pollentracht, die Bienen fliegen auf der Suche nach Blütenstaub aus und die Eiablage der Königin kommt in Gang. Das von den Flugbienen eingebrachte Futter, ergänzt durch die Honigvorräte des Volkes, aktiviert bei den jüngsten Bienen die bislang inaktiven Futtersaftdrüsen. Die mit Futtersaft ernährte Königin beginnt mit der zwar geringen, für den Beginn des Wiederaufbaus des Volkes aber ausreichenden Eiablage. Im Lau-

Bienen auf Rahmen.

fe der Wochen tragen diese Jungbienen, die in der Lage sind, massenhaft den Königinnenfuttersaft zu produzieren, der auch „Gelée Royale" genannt wird, entscheidend zur Vermehrung des Volkes bei.

Biologie der Biene

Das ganze Jahr über müssen Sie Ihre Bienenstände vor Parasiten schützen, die den Bienen sehr gefährlich werden können. Daher tut man gut daran, die Parasiten von Anfang zu kennen, um sie entsprechend bekämpfen zu können.

Bienen werden von zahlreichen Parasiten heimgesucht, darunter die gefürchtete Varroamilbe, die Tracheenmilbe und die Bienenlaus *Braula coeca*. In jüngster Zeit hat in Frankreich ein fleischfressendes Raubinsekt von sich reden gemacht, eine aus Asien kommende Hornissenart, *Vespa velutina*, vor der man die Bienen nur schützen kann, indem man Hornissenfallen aufstellt.

Zweifellos ist der schlimmste Parasit heutzutage die Varroamilbe. Wenn alle Beuten befallen sind, sind alle Völker zu behandeln. Die Bekämpfung dieses Parasiten ist zu einer äußerst wichtigen Gesundheitsmaßnahme geworden, die in der Bienenwirtschaft des Imkers denselben Stellenwert eingenommen hat wie die Fütterung, Aufzucht der Königinnen und die Bildung von Kunstschwärmen.

Die Bienenlaus *Braula coeca* wird bei der Bekämpfung der Varroamilben gleich mit beseitigt.

Ungeschütztes, erfrorenes Bienenvolk (Kanada).

Genaue Kenntnis der Varroamilbe

Ein unersättlicher Parasit
Die Varroamilbe ist ein Ektoparasit, der einer kleinen braunen eiförmigen Linse ähnelt und beidseits je zwei Beinpaare aufweist.
Er befällt während der Verpuppung der Larven die Intersegmentalhaut der Biene, die die Leibesringe miteinander verbindet. Die Varroa durchsticht diese Haut und ernährt sich von der Hämolymphe der Biene. Bereits beim Schlüpfen der Biene können mehrere Varroamilben vorhanden sein und in der Folge können sich weitere Milben an sie anheften. Fällt die Milbe von der Biene herunter, wandert sie über die Wachswaben und heftet sich an eine andere Biene, die sich in ihrer Reichweite befindet. So kann es geschehen, dass man Milben in der Mitte von Sonnenblumen entdeckt, da diese von den Bienen stark beflogen werden.

Erschreckend schnelle Vermehrung
Die Reproduktionsgeschwindigkeit der Varroa ist beträchtlich: Aus 10 Milben im Februar werden bis zum Oktober 40.000 Milben, wenn das befallene Volk nicht behandelt wird.
Die Varroa-Weibchen lassen sich in den Brutzellen zusammen mit den Larven verdeckeln und legen auf den Larven ihre Eier ab. Dabei werden bevorzugt Drohnenmaden befallen. Daher auch die Empfehlung, etwa im Monat Mai zwei bis vier Waben mit Drohnenbrut pro Volk und Jahr zu vernichten. Diese Vernichtung bremst die Befallsentwicklung der Milben im Volk. Im Mai ist diese Vorgehensweise eine gute Prophylaxemaßnahme.
Der Einsatz chemischer Mittel im Bienenstand zum Zeitpunkt des Honigeintrags (der Imker sagt hierzu auch „des Honigens“) ist verboten.

Allgemeine Schwächung
Neben der Schwächung der Vitalität der Bienen, die durch das Aussaugen von Hämolymphe durch den Parasiten hervorgerufen wird, schließt sich das Loch, das die Varroa in den Körper der Biene zum Heraussaugen ihrer Nahrung sticht, nie mehr. Die Wunde vernarbt nicht.
So wird die Einstichwunde eine regelrechte Eintrittspforte für alle Arten von bakteriellen und viralen Infektionen, die das Leben der Bienen verkürzen und Verkrüppelungen an den Jungbienen hervorrufen (vor allem verkümmerte Flügel).

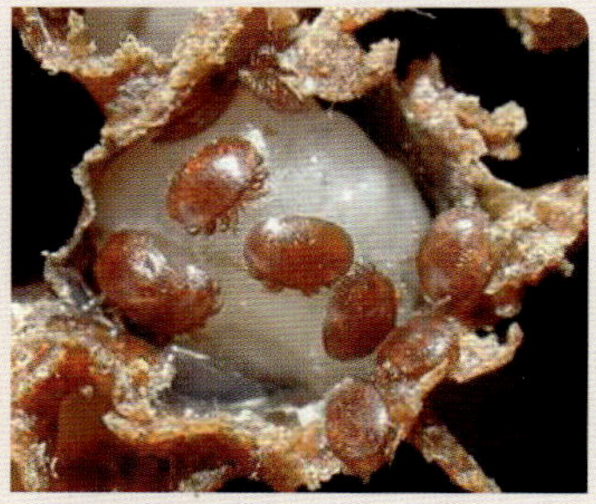

Varroamilben auf Larve.

Kombinierter Behandlungsansatz
Wir sind uns alle darin einig, dass die Völker durch die Varroa sehr geschwächt sind. Ihre Ausrottung erscheint derzeit aussichtslos. Die Forschung versucht, Bienen hervorzubringen, die sich wie die Bienen in Asien verteidigen können. Unsere hiesigen Bienen stehen der Varroa jedoch momentan hilflos gegenüber. Wir sind gezwungen, die Völker zu behandeln, indem wir nach der letzten Honigernte Präparate sowohl mit biotechnischer als auch chemischer Wirkung einsetzen. So kann der Honig nicht mit den verwendeten Produkten kontaminiert werden.
BIOTECHNISCHE MASSNAHMEN: Das ganze Jahr über werden in den Beuten Bodengitter, sogenannte Varroagitter, eingelegt, damit alle Varroamilben, die von allein von den Bienen abfallen, außerhalb der Beute auf den Boden fallen. Varroafalle in Form von Drohnenbrutzellen: Das bedeutet, zwei Brutwaben mit verdeckelter Drohnenbrut zu opfern, in denen sich die Varroa-Weibchen bevorzugt niederlassen.
BEHANDLUNGSZEITRAUM: Diese Maßnahme sollte im Mai durchgeführt werden.
EINGESETZTE WIRKSTOFFE: Um das Eindringen von Rückständen in das Wachs und mögliche Resistenzen zu begrenzen, verwendet man am besten folgende Produkte: solche auf Thymolbasis, Präparate mit dem Wirkstoff Coumaphos (Perizin) und/oder eine Behandlung mit Ameisen-, Milch- oder Oxalsäure.
BEHANDLUNGSZEITRAUM: Planen Sie eine erste Behandlung mit Thymol oder Ameisensäure ab der Juliernte ein, und danach Mitte August noch einmal. Die Behandlung gegen Milben wird in der brutfreien Zeit im Dezember oder Anfang Januar mit Perizin oder Oxalsäure abgeschlossen. In diesem Buch finden Sie für jeden Monat die notwendigen Schritte zur erfolgreichen Bekämpfung der Varroa in Ihren Bienenständen.

Hygiene und Gesundheit des Bienenstandes

Störungen vermeiden

Im Januar werden die Völker am besten in Ruhe gelassen. Wenn Sie den Deckel vorsichtig anheben, können Sie unter der Folie Wassertropfen sehen. Das ist Kondenswasser, das Ihnen anzeigt, dass die Königin in Brut gegangen ist. Äußerlich ist noch nichts zu sehen, doch seit der Wintersonnenwende nimmt die Aktivität im Bienenvolk wieder zu.

Sorgen Sie dafür, dass die Bienen bei ihrer Aufwärtsentwicklung nicht gestört werden. Für manche Tiere, wie beispielsweise Spechte, Dachse und Waschbären ist ein Bienenstand in Winterruhe nichts anderes als ein gut gefüllter Kühlschrank. Sie machen sich gerne an einsam aufgestellten Völkern zu schaffen, indem sie entweder mit roher Gewalt oder mit gezielten Störungen an die im Inneren wartenden Delikatessen zu gelangen versuchen.

Am besten wehren Sie die Störenfriede ab, indem Sie den Bienenstand mit einem Maschendrahtzaun umfrieden. Gegen Angriffe von geflügelten Räumern haben sich über die Beuten gespannte Vogelnetze bewährt. Schlagen Sie entsprechend lange Pfosten oder Stangen in den Boden rings um ihre Beuten und legen Sie das Vogelnetz darüber. Es darf nicht auf den Beuten aufliegen, da Spechte sonst durch die Löcher des Netzes hindurch Ihre Völker zerstören.

Tüte mit Futterteig.

Risikofaktoren für Nosemose-Befall

Fliegen an einem Sonnentag im Winter, wenn es geschneit hat, die Bienen aus und finden sich vor der Beute zahlreiche Exkremente auf dem Anflugbrett oder auf der Frontseite, ist dies ein Zeichen dafür, dass die Bienen Darmprobleme haben. Diese können folgende Ursachen haben:

- **Unangepasste Fütterung**, die Durchfall verursacht (im günstigen Fall). Das Gegenmittel ist hier die Gabe eines halben Liters warmen Sirup (40 °C) an einem schönen Sonnentag im Futtergeschirr. Diese Futtergabe löst einen vorzeitigen Reinigungsflug aus.

- **Nosema** (im ungünstigen Fall), ein einzelliger Parasit, der die Darmwand erwachsener Bienen angreift und bis März sichtbar im Bienenvolk grassiert.

Arbeiten am Bienenstand

Bienenstand in den Südlichen Alpen (Frankreich).

Pflege der Beutenumgebung

Verfahren Sie wie bei Pflege der unmittelbaren Beutenumgebung beschrieben (siehe November, Kasten S. 132).

Die Dächer der Beuten richten und das Anflugbrett freiräumen

Man ist gut beraten, die Stabilität der Beuten zu kontrollieren und ihre Dächer mit einem Stein zu beschweren. Ein Ziegel- oder Feldstein erfüllt diesen Zweck. Für manche Beutentypen sind Bügel erhältlich, die den Deckel fest auf die Beute pressen.

Nach Schneefällen sollten Sie bei Beuten mit geschlossenen Böden auch das Anflugbrett kontrollieren, damit es nicht zugeschneit ist. Räumen Sie es regelmäßig frei.

In sehr kalten Regionen schützt man das Anflugbrett am besten mit einem Dachziegel, um ein Ausfliegen der Bienen einzuschränken, die sich durch die Helligkeit des Schnees an einem sonnenreichen Tag angezogen fühlen und durch das Ausfliegen in der Kälte umkommen. Ebenso ist daran zu denken, das Flugloch auf seiner ganzen Länge so zu verengen, dass der Spalt nicht höher als 8 mm ist, damit keine Maus eindringen kann.

Die Vorräte überprüfen

Das regelmäßige Wiegen der Beuten ist den ganzen Winter über sinnvoll. Der Verlust von einem Kilo Gewicht pro Monat, wird durch Anheben der Beute von hinten gemessen. Sollte Ihnen das Volk sehr leicht vorkommen, können Sie aus einem besonders schweren Volk 2 volle Honigwaben zuhängen. Futterteig nehmen die Bienen im kalten Januar noch nicht an, da sie sich nicht aus der wärmenden Wintertraube lösen.

Zur Erinnerung

Notieren Sie sich das Gewicht der Beuten. Sie werden feststellen, dass je schwerer die Beuten im Januar sind, umso größer die Anzahl an Brutrahmen im März sein wird.

Die Fläche der Bodenbretter reduzieren

Bei starkem Frost reduziert man am besten die Lüftungsfläche von offenen Gitterböden. Manche Modelle verfügen über einen Schiebeboden, der unter dem Gitter eingeschoben wird und so die Luftzufuhr drosselt. Ansonsten können Sie ein dünnes Metallblech oder auch ein altes Röntgenbild durch den Eingang durchschieben. So reduziert man drei Viertel der Lüftungsfläche, was die Auskühlung der Beute begrenzt und doch ein gutes Entweichen der Feuchtigkeit ermöglicht, die für die Bienen gefährlicher als der Frost selbst ist. Durch diese Maßnahme beginnt die Eiablage der Königin im Winter etwas früher.

Diese Vorgehensweise entfällt, wenn die Beuten auf einem hohen Wanderboden stehen.

Arbeiten in der Werkstatt

Schutzanstrich von Brut- und Honigraumzargen

Zum Anstrich eignen sich alle Farben, vorausgesetzt, sie enthalten weder Insektizide noch Fungizide, die für die Bienen meist giftig sind. Es gibt so genannte „Bio"-Lasuren und sehr widerstandsfähige Anstriche, die Aluminiumpigment enthalten. Die Zargen können aber auch mit Leinöl eingelassen werden. Das zur Verflüssigung des Leinöls lange verwendete Carbonyl eignete sich hervorragend gegen das Verfaulen von Holz. Heutzutage jedoch ist es für alle Anwendungen mit Hautkontakt verboten.

Am längsten hält Bienenwachs. Am besten stellt man ein 110 mm hohes Blechdach umgedreht auf Ziegelsteine über einen Dreifuß (siehe Abbildungen rechts). Darin bringt man das Bienenwachs bei rund rund 70 °C zum Schmelzen. Nutzen Sie dazu Bienenwachs aus Ihrer Imkerei oder aus dem Imkereifachhandel. Ist das Wachs vollständig geschmolzen und auf 130° bis 150 °C erhitzt, tauchen Sie alle Kastenwände nacheinander in die Flüssigkeit ein. Nach einigen Minuten starken Kochens entweicht die Restfeuchtigkeit des Holzes. Es dringt etwas Wachs in die Brutraumzargen ein und sorgt so für dauerhaften Schutz. Gleichzeitig sind die Beuten gründlich desinfiziert. Seien Sie sehr vorsichtig beim Umgang mit heißem Wachs. Bei Kontakt mit einer offenen Flamme ist es hochentzündlich!

Neue Zargen werden in der Regel nach dem ersten Jahr in Gebrauch neu gestrichen. Dabei kommt es häufig vor, dass die vom Volk abgegebene Feuchtigkeit in das Holz eindringt und die Farbe nach einigen Monaten Blasen wirft. Im Folgejahr haben die Bienen dann das Innere der Beute mit Wachs ausgekittet und das Holz dadurch abgedichtet. Dies kommt bei mit heißem Bienenwachs behandelten Beuten nicht vor.

Wachsbehandlung einer Warré-Zarge.

Wachsbehandlung einer Dadant-Zarge.

Mottenbefall eines Brutraums.

Vorsicht vor mutwilligem Frevel!

Im Winter sollte man den Bienenstand gut kontrollieren, da gelegentlich mutwilliger Frevel damit getrieben wird. Besonders „Mutige" werfen die Beuten genau dann um, wenn die Bienen am wenigsten wehrhaft sind.

Entfernen Sie altes Wachs

Alte, schwarz verfärbte Wabenrahmen müssen entfernt werden, nach spätestens drei Jahren Bebrütung müssen die Rahmen aus dem Volk genommen werden. Deren Wachs enthält zahlreiche Pilzsporen, Gemüll, Schimmel, Nymphenhäutchen usw. Zur Gesunderhaltung des Bienenvolkes sollte man diese Wabenrahmen, die potenzielle Krankheitsüberträger sind, durch neue Mittelwände in sauberen Rahmen ersetzen.

Stehen Ihnen nur wenige Rahmen zur Verfügung, können Sie die Waben am einfachsten von den Holzrahmen entfernen, indem Sie ein flaches, 110 mm hohes Beutendach verwenden, in das die Rahmen flach hineingelegt werden können. Dann legen Sie das Dach im Freien auf Ziegelsteinen über einen Kocher, der zur Hälfte mit kochendem Wasser gefüllt ist. Halten Sie das Wasser am Kochen und tauchen Sie die Rahmen einen nach dem anderen in das Wasser. In wenigen Sekunden wird das Wachs weich, es schmilzt und löst sich von den Rahmen. In Anbetracht der Menge an Wachsabfällen müssen die Rahmen in einem sauberen Wasserbad ein zweites Mal behandelt werden.

ACHTUNG! *Achten Sie darauf, dass Sie die Spitze des Stockmeißels in die Nut des Oberträgers einführen, sofern vorhanden. Das macht den späteren Einbau von Mittelwänden wesentlich einfacher.*

Sobald das Wachs von den Rahmen entfernt ist, schöpfen Sie das geschmolzene Wachs und alle Nymphenhäute, tote Bienen, Holz-

VORSICHT!

Beim Einschmelzen der Waben und der Desinfizierung der Rahmen ist eine gewisse Vorsicht angezeigt, damit man sich keine schweren Verbrennungen zuzieht. Durch die Handhabung und das Kochen des mit unterschiedlichen Produkten versetzten Wassers sind Spritzer oft unvermeidlich. Sie sollten daher auf jeden Fall einen Gesichtsschutz, Gummistiefel und große Gummihandschuhe sowie eine Schutzschürze tragen, die bis über die Stiefel reicht. Im Notfall spülen Sie die Wunde sofort eine Weile unter laufendem kaltem Wasser ab, bevor Sie gleich darauf einen Arzt aufsuchen.

teile und Propolisreste aus dem kochenden Wasser ab. Nach Entfernen sämtlicher Rückstände lassen Sie das Ganze möglichst langsam abkühlen, indem Sie es mit einem Brett und etwas Isoliermaterial (Plane, Karton, Styroporplatte) abdecken. Beim Klären trennt sich das Wachs von den Rückständen.

Behandlung der Rahmen mit Sodalauge.

Rahmen desinfizieren

Wenn Sie die Rahmen desinifizieren möchten, können Sie hierzu Natron- oder Sodalauge, wie im Monat Dezember angeführt, verwenden. Lassen Sie die Rahmen einige Minuten lang in dieser kochenden Lauge, und spülen Sie sie danach mit kaltem Wasser ab. Diese Methode hat den Vorteil, dass die Rahmen auch gegen solche Krankheiten desinfiziert werden, die gegen kochendes Wasser, das zum Wachsentfernen benutzt wird, resistent sind. Sobald die Rahmen gereinigt sind, werden die nicht rostenden Drähte zum erneuten Gebrauch wieder gespannt. Verzinnte Drähte werden nachgespannt oder ausgewechselt.

GUT ZU WISSEN: *Die Vernichtung gebrauchter und der Erwerb neuer Rahmen ist, verglichen mit der durch die Wiederverwendung verbundenen Risiken und dem Zeitaufwand, eine bescheidene Investition.*

Gewinnung von sauberem Wachs zur Wachsverarbeitung

Die Gewinnung von Wachs ist ein langwieriges nicht besonders lohnenswertes Unterfangen. Das mehrfach bebrütete Wachs aus Altwaben, möglicherweise mit Varroazidrückständen taugt nur noch zur Kerzenherstellung. Dazu muss es aber mühsam geklärt oder von spezialisierten Firmen aufgearbeitet werden, sonst brennen die Kerzen nicht. Man kann es noch nutzen, um daraus Bohnerwachs und Kerzen herzustellen.

Wer rückstandsfreies Wachs gewinnen will, darf seine Mittelwände nur aus Baurahmen- oder Entdeckelungswachs gewinnen. Wachs, das mit Varroazidrückständen belastet ist, sollte daher nur noch zur Kerzenherstellung verwendet werden.

Tipp des Monats

Kaufen Sie für Ihre Rähmchen ausschließlich als rückstandsarm deklarierte Mittelwände oder Mittelwände, die garantiert ohne nennenswerte Medikamentenrückstände sind, die die Bienenerzeugnisse kontaminieren könnten. Qualitativ noch besser ist „Wachs aus biologischen Einheiten“, das garantiert frei von Rückständen ist.

Bohnerwachs selbst herstellen

Bohnerwachs ist eine Mischung aus Terpentin und Wachs. Die Mischung wird warm hergestellt. In Anbetracht der Entzündlichkeit von Terpentin erhitzt man nur das Wachs in einer Konservendose. Nachdem das Wachs geschmolzen ist und das Feuer gelöscht wurde, übergießt man das heiße Wachs mit so viel Terpentin, bis die gewünschte Konsistenz erreicht ist. Man erhält sowohl Flüssigwachs wie auch Wachspaste. Für ein besseres Ergebnis gibt man dem Terpentin 5 % Spiritus hinzu, der bei Flüssigwachs die Mischung homogenisiert und bei der Wachspaste verhindert, dass sie klebt.

Achtung! *Erhitzen Sie niemals das Terpentin oder gar die fertige Wachs-Terpentin-Mischung!*

Den Smoker anzünden

Ein gut funktionierender Smoker beruhigt nicht nur die Bienen sondern verschafft auch dem Imker die Ruhe, die er zum ungestörten Arbeiten braucht. Ein gut befeuerter Smoker ist ein Segen für Imker und Bienen.

2

Pellets nachlegen.
Mit dem Blasebalg Luft zuführen, bis sich der Geruch verändert. Der veränderte Geruch zeigt an, dass sich die Pellets entzündet haben.

1

Legen Sie ein Stück angezündete Eierkarton in den Smoker und anschließend zwei kleine Kiefernzapfen.
Führen Sie ausreichend Luft zu, damit sich alles entzündet (dabei dominiert der Kiefergeruch). Besonders sparsame Imker können die verkohlten und erkalteten Reste des vorherigen Durchgangs hinzugeben, die mithilfe eines Siebs durchgesiebt werden (ein Kindersieb aus dem Sandkasten ist bestens geeignet).

Das Rauchmaterial sorgfältig aussuchen

Sie sollten mit einem gut brennbaren, ausreichend groben Rauchmaterial arbeiten, durch das die Luft gut hindurchstreichen kann. Das Rauchmaterial sollte keinerlei synthetische Bestandteile enthalten, deren Verbrennung giftigen Rauch hervorrufen könnte. Dicke Hobelspäne oder gepresste und getrocknete Holzpellets zum Heizen beispielsweise eignen sich hervorragend. Solche Pellets sind im Imkereifachhandel erhältlich. Sie sind einfach mit einem Streichholz anzuzünden und darüber hinaus mit Aromen versetzt. Verwenden Sie Rauch sehr sparsam, um dem Honig kein Aroma nach Geräuchertem zu verleihen. Der Rauch des Smokers ist genauso schädlich für den Imker wie Zigarettenrauch. Diesem unfreiwilligen Tabakkonsum des Imkers kann durch Rauchmittel mit möglichst niedrigem Teergehalt begegnet werden. Pellets aus entteerten Holzfasern sind im Fachhandel erhältlich.

3

Etwas zerknülltes Papier von oben hinzugeben, um die Pellets (siehe Kasten) zu bedecken und den Deckel mit der Tülle wieder aufsetzen.

Ein solcher Smoker geht während der Arbeit nicht aus. Er gibt reichlich dichten Rauch ab. Wird er morgens gut angefeuert, kann man ihn am Ende des Tages immer noch einsetzen, sofern er zwischendurch nicht gebraucht wurde. Für eine leichte Befeuerung zählt man drei Rauchstöße mit dem Blasebalg, für eine dauerhaftere Befeuerung etwa zwölf. Ausgemacht wird der Smoker, indem man ihn auf die Seite legt.

2 Februar

„Februar, der kürzeste der Mondenzahl, ist auch der schlimmste hundertmal."
Dieses von Lozère geäußerte und von Pfarrer Germain Barthélemy überlieferte Sprichwort erinnert daran, dass der Februar für die schwächsten, durch Verhungern gefährdeten Bienenvölker ein besonders kritischer Monat ist. Seit langem herrscht Ruhe bei den Völkern. Quellen für Nektar und Blütenstaub kaum vorhanden. Die Vorräte in der Beute gehen zur Neige. Die Kälte verhindert das Ausfliegen der Bienen und ihre Kräfte erlahmen. Unterdessen beginnt das Brutgeschäft.

Das Wetter im Februar

Das Wetter im Februar ist wechselhaft und je nach Region sehr unterschiedlich. Kälte und Regen sind jedoch so gut wie überall noch vorhanden. In den meisten kalten Zonen, in den Bergen, im Nordosten von Frankreich, in den Voralpen oder Pyrenäen kann das schlechte Wetter bis in den April hinein anhalten, bei Temperaturen zwischen 2 °C bis 3 °C und 6 °C bis 7 °C, je nach Region. Die Temperaturen können noch stark abfallen, mancherorts auf bis zu −15 °C bis −20 °C. Auch schneit es noch häufig im Februar.

In den gemäßigten und sonnigen Zonen Südfrankreichs werden die Tage immer länger und die ersten Blumen erscheinen und animieren das Volk, sich allmählich zu regen.

Trachtpflanzen

Je nach Pflanzenart und Region blüht der Haselstrauch von Januar bis März. Seine frühzeitige Blüte macht ihn zu einer wichtigen Quelle für Pollen in der noch winterlichen Umgebung.

Die auch Salweide genannten Weidenkätzchen stehen ab Ende Februar in Blüte. Es sind die männlichen Exemplare, die die Bienen anziehen, die sich an den ovalen gelblichen Kätzchen berauschen. Aus Bienenperspektive wird die Salweide wegen ihres hohen Pollenaufkommens sehr geschätzt.

Dann gibt es da noch den Huflattich, hauptsächlich im Flachland, eine der seltenen Pflanzen, bei denen die Blüten vor den Blättern erscheinen. Sein Nutzen als Futterpflanze für die Bienen ist auf Grund seines geringen Pollenertrags unbedeutend.

Je nach Region wären noch der Hahnensporn-Weißdorn, die Grau- oder Weißerle und der Frühlings-Krokus zu nennen.

Haselstrauch in Blüte.

Salweide in Blüte.

Lebensbedürfnisse des Bienenvolkes

Die Wintertraube lockert sich auf

Wir befinden uns mitten im Winter und dennoch beginnt die Vermehrung des Volkes. Die Tage werden immer länger, manchmal weht etwas warme Luft in die Beute und die Bienen lösen sich voneinander. Die Wintertraube lockert sich auf. Wie ich bereits im Vormonat erwähnt habe, fliegen die Bienen auf einen Reinigungsflug aus. Sie entleeren ihre Kotblase, in der sich ihre Abfallprodukte angesammelt haben.

Die Bienen fressen mehr

Die Bienen fressen mehr Pollen und Honig, es gibt auch wieder Gelée Royal und die Eiablage der Königin geht jetzt so richtig los. Die aufsteigende Entwicklung des Volkes hat begonnen. Zu kalte und lange Winter wirken sich von diesem Standpunkt aus gesehen ungünstig auf Gesundheit und Stärke der Völker aus.

Biologie der Biene

Die Bienen führen ein Leben auf Sparflamme. In der Wintertraube, die sie bilden, um sich warm zu halten, leben seit dem Herbst die jungen Winterbienen und die alten Bienen, deren Leben bald zu Ende gehen wird, zusammen. Diese Jungbienen beginnen mit der Produktion des für die Eiablage der Königin unverzichtbaren Futtersaftes. Je früher ihre Futtersaftproduktion einsetzt, desto schneller besitzt das Volk neue Ammenbienen, die für die Reproduktionsdynamik der Population so wichtig sind.

Sterzelnde Bienen.

Die „Ammen", Lebenskraft des Volkes

Ammenbienen sind von großer Bedeutung für das Leben des Volkes. Jede Biene kann leicht Nektar sammeln, aber die Hypopharynxdrüsen oder Futtersaftdrüsen zur Erzeugung des Futtersaftes sind ausschließlich bei den Jungbienen und nur in den ersten zehn Lebenstagen im Sommer aktiv.

Im Herbst bleiben diese Drüsen auf Grund der Vorbereitungen zur Einwinterung über mehrere Monate hinweg intakt. Nach der Wintersonnenwende veranlasst die immer längere Sonneneinstrahlung die Völker dazu, ihre Bruttätigkeit mehr oder weniger frühzeitig wieder aufzunehmen, je nach Temperatur, Region und Bienenrasse. Diese aufsteigende Volksentwicklung erreicht im Juni ihren Höhepunkt.

Die verschiedenen Abschnitte im Leben einer Biene

Das Leben einer Biene ist in mehrere Abschnitte unterteilt, in denen sie jeweils unterschiedliche Funktionen innerhalb des Volkes übernimmt.
Nach dem Schlüpfen und in den ersten Tagen bleibt die Biene auf der Wabe, auf der sie geschlüpft ist. In diesen Tagen putzt sie als Putzbiene die Zellen, ihre Futtersaftdrüsen (oder Schlunddrüsen) in der Kopfkapsel bilden sich aus. Nun beginnt sie mit der Erzeugung eines Futtersaftes, dem so genannten Gelée Royal oder „Königinnenfuttersaft", der vornehmlich aus Aminosäuren besteht und für die Königin und die jungen Larven bestimmt ist.
Nach einigen Tagen, wenn die Biene über das Alter einer Ammenbiene hinaus ist, bilden sich die Futtersaftdrüsen wieder zurück. Nun beginnt die Phase der Wachserzeugung mithilfe der Wachsdrüsen. Die vollgefressene Biene kann nun als Baubiene am Bau der Waben und an der Verdeckelung der Wabenzellen mitarbeiten. Die Wachsdrüsen sind nur wenige Tage, höchstens jedoch eine Woche lang, aktiv.
Danach übernimmt die Biene Wächterdienste am Eingang zur Beute, führt Orientierungsflüge durch und wird am Ende ihres Lebens zur Flugbiene. Als Stockbiene verrichtet sie etwa 3 Wochen ihres Lebens Arbeiten im Inneren des Bienenstocks. Danach arbeitet sie etwa 3 Wochen lang als Flugbiene. Im Sommer hat die Biene also innerhalb von 6 Wochen einen vollständigen Lebenszyklus durchlaufen. Dadurch kann sich das Volk während der trachtreichen Jahreszeit schnell erneuern. Dieser Lebenszyklus ist jedoch zahlreichen Ausnahmen unterworfen. Unter Umständen gibt es Pollentracht im Überfluss, aber die Biene lebt außerhalb der Beute vielleicht nur noch eine Woche. Dasselbe kann mit Ammen- oder Baubienen passieren.
Umgekehrt haben in einem Volk, das im Oktober noch über sehr große Honigvorräte verfügt, die frisch geschlüpften Bienen nichts anderes zu tun als Pollen und offene Brutwaben zu fressen. Sie legen sich im Fettkörper, dem Gegenstück zur menschlichen Leber, ein dickes Fett-Eiweiß-Polster zu, sodass die Alterung ihres Organismus nicht mehr fortschreitet. So bleiben diese so genannten Winterbienen mehrere Monate lang „jung" und sind in der Lage, den Königinnenfuttersaft (das Gelée Royale) genau dann zu liefern, wenn die Eiablage der Königin beginnt.

Hygiene und Gesundheit des Bienenstandes

Fortlaufende Fütterung

Reichen die Honigvorräte zur Ernährung der Völker nicht mehr aus, setzen Sie die Fütterung fort. Zögern Sie nicht, bei Völkern, die Anzeichen für Krankheitsauffälligkeiten zeigen, einen halben Liter warmes Zuckerwasser (40 °C, im Verhältnis 50:50) zu geben, das Sie abgefüllt in Flaschen in einer Warmhaltebox transportieren.

ACHTUNG! *Dieser Sirup kann nur dann richtig gefressen werden, wenn die Beute eine Futterzarge hat und das Volk individuenstark ist. In einem solchen Fall kann man beobachten, wie die Bienen bei schönem Wetter auf der Zarge darunter umherwandern. Hält man die Handfläche darüber, spürt man vom Brutraum Wärme aufsteigen. Das ist ein Zeichen von Volksstärke. Dieses Zuckerwasser wird innerhalb einiger Stunden verzehrt.*

Trophallaxis, Weitergabe des Inhalts der Honigblase an eine andere Biene.

Kontrolle der asiatischen Hornisse

Im Süden Frankreichs vermehrt sich die Raubhornisse *Vespa velutina* ab Februar und im Folgemonat auch in weniger warmen Regionen. Ihr Vermehrungszyklus ist wie bei allen Wespen- und Hornissenarten derselbe. Gegen Ende des Sommers bringen die Völker Königinnen hervor, die überwintern und sobald es wieder warm wird, wieder neue Völker gründen.

In Frankreich werden diese Gründerinnen schnellstmöglich in Fallen gefangen, um die von diesem gefürchteten Raubinsekt verursachten Schäden in Grenzen zu halten. Die Fallen fangen auch andere Insekten. Die Hersteller, der auf dem Markt erhältlichen Modelle, sind bestrebt, den besten Kompromiss zwischen der Sicherheit der Bienenstände und den negativen Auswirkungen des Fallenstellens für andere Insekten zu finden.

Arbeiten am Bienenstand

Durchsicht schwacher Völker

Zu leichte Beuten und nicht verzehrter Futterteig lassen den Schluß zu, dass die Völker gestorben sind. Öffnen Sie gleich die Beuten. Sollte sich zufällig noch eine winzige Wintertraube an lebenden Bienen auf dem Honig befinden, jedoch nicht an das Futter herankommen und somit bei geringen Vorräten zum Tode verurteilt sein, legen Sie eine größtenteils geöffnete Tüte mit Futterteig direkt in Reichweite der Wintertraube, decken das Ganze mit einem Ziegel und Luftpolsterfolie oder einem anderen weichen, dünnen Isoliermaterial, wie man es in den Baumärkten findet, ab. Setzen Sie dann das Beutendach ohne den Holzdeckel wieder auf. Überlebt das Völkchen auf diese Weise, ist es im März bei einem anderen starken Volk an der Zeit, einige Bruträhmchen und Bienen zu entnehmen, um die Königin einzufangen und einen Kunstschwarm zu bilden.

Stirbt das Volk, nehmen Sie die Beute aus dem Bienenstand, um sie durch Abflammen mit dem Gasbrenner zu entseuchen. Kontrollieren Sie die Waben, vernichten Sie solche mit toten Bienen und kontrollieren Sie den Gesundheitszustand. Gibt es keine Anzeichen für Krankheiten, bringen Sie diese Waben vor Wachsmottenbefall geschützt unter. Wir brauchen sie später für die Kunstschwärme. Vernichten Sie alle verdächtigen Waben: Es ist besser, solche Waben aus dem Betrieb zu nehmen, als das Risiko einer Krankheitsübertragung auf andere Völker einzugehen.

Anmerkung

Denken Sie daran, Ihre Beobachtungen in Ihrem Zuchtbuch oder Imkertagebuch einzutragen. So können Sie feststellen, dass es sich bei den toten Völkern um diejenigen handelt, die schon im Herbst individuenschwach waren und nur über geringe Honigvorräte verfügten.

Verstellen von Völkern

Bei nicht zu niedrigen Temperaturen, etwa um die 10 °C, kann man die Beuten innerhalb des Bienenstandes umstellen. Dabei ist darauf zu achten, nirgends anzustoßen, um die Wintertraube nicht zu zerstören.

Früher empfahl man, die Beuten im Februar „umherzukarren“. Die Bienenkästen mit ihren Holz- oder Steinböden wurden in einen Schubkarren gestellt und damit wurde eine Runde im Garten gedreht. Anschließend stellte man den Bienenstock wieder an seinen Platz zurück. Die Erschütterungen der Rundfahrt lösten die Wintertraube auf und die Bienen verzehrten den Honigüberschuss und lösten damit eine schnellere Eiablage der Königin aus.

In manchen Jahren, in denen ich mutwilligen Frevel an meinen Beuten feststellen konnte, war jedoch kein Totenfall zu verzeichnen, wenn ich die Beuten schnell genug wieder aufrecht hinstellen konnte. Diese honigreichen Völker haben unter dem Frevel nicht gelitten. Wie als „Beweis“ präsentierten sie im März mehr Brutnester als die anderen Völker!

Bodenwechsel bei den Beuten, wenn man allein arbeitet.

Arbeiten in der Werkstatt

Brut- und Honigraumzargen desinfizieren

Die jährlich anstehende Desinfizierung von Brut- und Honigraumzargen ist zwingend notwendig. Nach wie vor gilt: Vorbeugen ist besser als Heilen. Ein krankes Bienenvolk bedeutet in Wirklichkeit ein verlorenes Jahr.

Für den Imker steht daher die Gesundheit seiner Bienen im Vordergrund. Stellen Sie die Beute flach auf einer Seite auf Holzböcke. Alle inneren Holzbauteile werden der Reihe nach mit einem Gasbrenner abgeflammt, wobei Wachs und Kittharz kochen müssen. Alle Kittauflagen, vor allem an den Ohren, müssen abgekratzt werden. Lassen Sie das Holz dunkel werden. Auch Boden und Deckel sind zu behandeln.

Diese Methode ist eine Garantie für die Gesundheit zukünftiger Bewohner. Der Boden, Treffpunkt von Stock- und Flugbienen, ist gleichzeitig ein Ansteckungsherd.

Die bei der Behandlung im Freien entstehenden und leicht entzündlichen Dämpfe des Kittharzes (Propolis) sind allerdings nicht ganz unbedenklich für die Bronchien des Imkers.

Desinfizierung durch Abflammen mit Gasbrenner.

Desinfizierung in einem 150 °C heißen Bad aus Bienenwachs.

Das Werkzeug reinigen

Das Einweichen in eine Desinfektionslösung aus heißer Natronlauge sollte eine halbe Stunde dauern (Bürste, Kunststoffmaterial, Kleidung). Kunststoffe werden abgekratzt und abgebürstet, um Kittharz- und Wachsrückstände zu entfernen, die unter Umständen *Paenibacillus*-Sporen (Faulbrut) beherbergen können. Die Honigwaben können gleichermaßen desinfiziert werden. Dazu eignen sich Essigsäuredämpfe, die gegen die Sporen der Nosema genannten Durchfallerkrankung helfen. Dazu stellen Sie eine offene Schale mit Essigsäure auf einen Turm von 4 bis 5 Zargen. Bitte beachten: Rühren Sie Natronlauge immer frisch an.

Tipp des Monats

Zur Desinfizierung von Metall und Holz flammt man am besten die betreffenden Teile ab. Dies ist eine sehr wirkungsvolle und schnelle Methode. Brutraumzargen können auch in einem Bad aus Bienenwachs bei 150 °C zehn Minuten lang desinfiziert werden (die Temperatur sollte mit einem Thermometer kontrolliert und nicht überschritten werden). Die angegebene Temperatur und Zeitdauer ist zwingend notwendig, um die *Paenibacillus*-Sporen der Faulbrut zu vernichten.

Vorbereitung der Rahmen

Es wird Zeit, die Rahmen für das Frühjahr vorzubereiten.
Die Dadant- und Langstroth-Rahmen werden mit Mittelwänden versehen und in Kunststoff-Klappkisten oder Zargen aufbewahrt, die genau zu den Rahmen passen. Man sagt „Mittelwände einlöten" und meint damit, dass eine vorgeprägte Bienen-Wachsplatte (Mittelwand) eingesetzt wird, damit die Bienen innerhalb dieses Holzrahmens ihre Waben bauen. Der Holzrahmen stabilisiert die zerbrechliche Wabe und man kann leicht damit hantieren, ohne die Wabe zu zerbrechen.

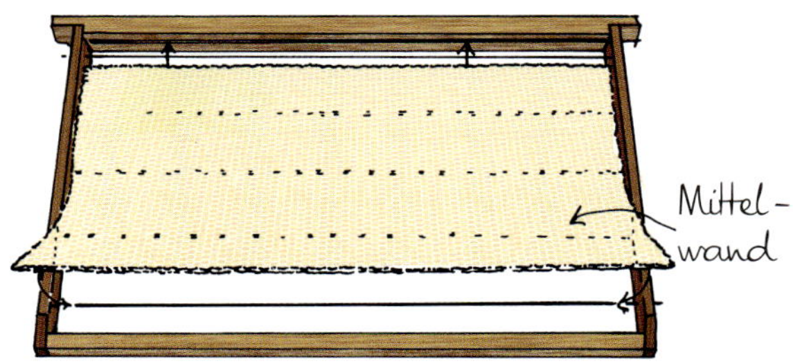

1

Jeder Rahmen wird mit drei bis fünf Drähten waagrecht oder senkrecht gedrahtet.
Beide Methoden haben ihre Vor- und Nachteile, wobei darauf zu achten ist, dass nicht rostender Draht aus Edelstahl verwendet wird. Dieser ist wetterbeständig und das mühsame Drahten ist daher nicht mehr notwendig, wenn nach dem Ausschmelzen der Altwaben neue Mittelwände eingelötet werden sollen.
MEIN TIPP: *Die Drähte müssen ausreichend gespannt werden, damit die Mittelwand guten Halt hat, jedoch nicht so stark, dass sich die senkrechten Rähmchenschenkel durchbiegen. Eine unter Spannung stehende Wabe kann sich verziehen und Unordnung in den Bau der Waben bringen, die unter Umständen von den Bienen zusammengebaut werden.*

2

Sobald die Mittelwand auf den Drähten aufliegt, wird sie in den Oberträger des Rähmchens eingeführt.
Kaufen Sie im Imkerfachhandel einen geeigneten Trafolöter (ein Batterieladegerät oder ein Trafo mit etwa 12 V Leistung bei mehreren Ampère tun es auch). Bei Berührung der Kontakte des Trafolöters mit den Drahtenden erwärmt sich der Draht, der so in das schmelzende Wachs eingelötet wird. Unterbrechen Sie den Strom rechtzeitig, damit der Draht nicht ganz durch die Mittelwand hindurchschmilzt.
MEIN TIPP: *Zur bequemeren Handhabung eine Holzplatte von etwa 19 mm Stärke in den Innenmaßen des Rähmchens zusägen, die man unter das Rähmchen legt. So geht das Einlöten der Drähte in das Wachs leichter.*

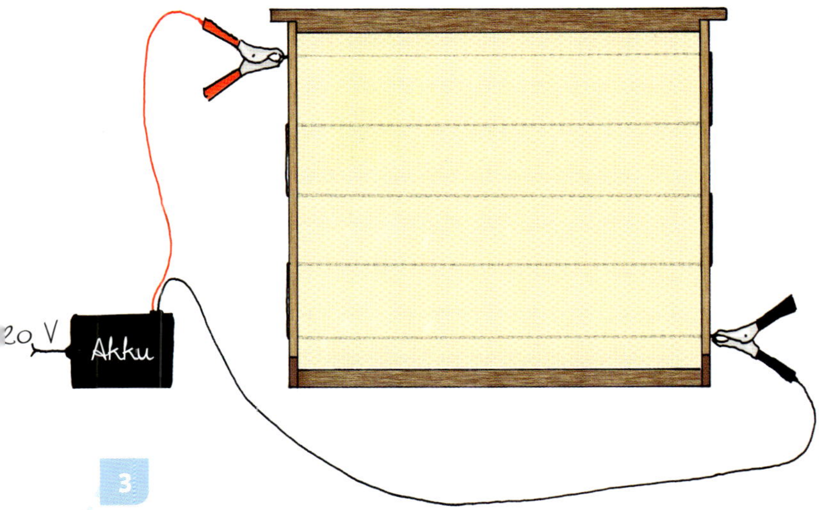

3

Zur Verstärkung der Oberkante der Wachsplatte etwas flüssiges Wachs in die Nut des Oberträgers (sofern vorhanden) des Rähmchens einträufeln. Verwenden Sie hierzu ein speziell zu diesem Zweck entwickeltes Wachskännchen.

In dem auf einer kleinen elektrischen Kochplatte stehenden Wachskännchen behält das Wachs die richtige Temperatur und bleibt während der gesamten Arbeitszeit flüssig. Damit die elektrische Platte nicht zu stark aufheizt, legen Sie zwischen das Gefäß und die Platte ein etwa 2 mm dickes Blech.

ACHTUNG! *Gaskocher sind mögliche Brandauslöser und von daher absolut verboten.*

MEIN TIPP: *Man muss so viele Rahmen mit Mittelwänden versehen wie es neue Völker auszustatten gilt. Rechnen Sie für die bereits vorhandenen Völker sieben bis zehn neue Mittelwände. So erneuert man im Laufe von etwa drei Jahren alle Rahmen.*

Die richtige Wahl treffen

Rähmchen mit Mittelwänden erfordern keinerlei besondere Vorkehrungen. Für die Wachsmotten sind die neuen Mittelwände uninteressant, da sie keine Eiweiße enthalten, die für die Motten wichtig sind. Sie treten jedenfalls nicht vor dem Monat Mai in Erscheinung. Für die Warré-Beuten bereiten Sie entweder die klassischen, im Fachhandel erhältlichen Rahmen vor, wie sie auch Marc Gatineau empfiehlt, oder aber mit zwei Längsschenkeln versehene Oberträger nach dem von Gilles Denis entwickelten Modell. Diese Oberträger sind besonders bei der Handhabung von Brutrahmen nützlich. An die mit der Kreissäge auf Gehrung gesägten Oberträger bringt man in der Mitte des Oberträgers einen kleinen Anfangsstreifen aus Wachs an. Das genügt, damit die Bienen die Richtung des Wabenbaus erkennen (siehe Abb. S. 134, Mitte).

Metallkännchen.

Im Wasserbad

Eine andere Methode besteht darin, ein Wasserbad in einem alten Topf zu erhitzen und eine ovale Konservendose hinein zu stellen. Darin wird Wachs geschmolzen. Dabei wird die Dose entweder mit einem Küchenhandschuh oder einer Zange gefasst und das Wachs wie aus einer Kanne gegossen oder aber mit einem Esslöffel entnommen. Achtung: Spritzer von geschmolzenem Wachs auf den Gerätschaften gehen nur schwer wieder ab! Das geschmolzene Wachs kann sich zwar im Wasserbad nicht entzünden, dafür aber, wenn es auf die Heizplatte verschüttet wird. Arbeiten Sie daher vorzugsweise im Freien oder aber ergreifen Sie im Vorfeld die notwendigen Vorsichtsmaßnahmen gegen einen Brand.

3 März

Im März verkünden die längeren Tage und die Tagundnachtgleiche den gegen Monatsende nahenden Frühling. In den meisten Regionen gibt es immer wieder schöne Tage. Die Völker verstärken die Brutpflege und am Bienenstand beginnen die ersten wirklichen Arbeiten. In Südfrankreich kann man bereits mit den letztjährigen, in Ablegern gehaltenen Königinnen Kunstschwärme bilden. Anderswo herrscht häufig noch winterliches Wetter mit starken Kälteeinbrüchen, die die Arbeit der Völker stark beeinträchtigen.

Das Wetter im März

Der März ist ein Monat der Extreme. Die ganz große Kälte liegt zwar hinter uns, aber vor plötzlichem Frost muss man sich dennoch hüten. Die inzwischen längeren Tage profitieren zunehmend von der Sonnenwärme, aber der Regen lässt häufig nicht auf sich warten. Obwohl keine regelmäßige Frostgefahr mehr herrscht, können plötzliche Schneeschauer dennoch für Überraschungen sorgen.

Die Bienen fliegen immer häufiger aus und kehren mit Pollenhöschen wieder zurück.

Trachtpflanzen

Die ersten reichlich vorhandenen, manchmal jedoch wenig nahrhaften Pollentrachten sind mehr als willkommen. Zu dieser Jahreszeit stammen sie hauptsächlich von Haselsträuchern, Mandelbäumen (in den weiter nördlich gelegenen Gebieten der von ihnen bevorzugten Klimaregionen), Buchs, den an Nektar und Pollen reichen Salweiden, Scharbockskraut, Schneerosen und Schlehdorn.

In den Mittelmeergebieten blühen bereits alle Obstgehölze, die Natur entfaltet nun ihre volle Blütenpracht.

In Jahren mit kalten Wintern treiben die Blumen des Februar erst jetzt im März aus.

Wegen ihres Pollens sind auch Schwarzerle, Balsam- und Graupappel sowie Kornelkirsche, ein Hartriegelgewächs, von den Bienen begehrte Trachtspender. Unter den Kleinobstgehölzen blühen die schwarze Johannisbeere und unter den Wildpflanzen die Gewöhnliche Pestwurz sowie das Kleine Immergrün.

Schneerose.

Mandelbaum.

Schlehdorn.

Eiablage das ganze Jahr hindurch

Es kommt vor, dass die Königin im Herbst und sogar im Winter Eier legt. In sehr starken Völkern findet man daher selbst in den kältesten Monaten winzige Brutnester. So bleibt die Anzahl von Ammenbienen konstant und ermöglicht eine frühzeitige Brutpflege bereits im Winter.

Lebensbedürfnisse des Bienenvolkes

Die aufsteigende Entwicklung des Volkes

Sonnenwärme und längere Tage bewirken, dass sich die Beute zunehmend erwärmt. Die Wintertraube geht in die Breite, die Bienen besetzen immer größere Flächen auf den Waben und fressen große Mengen an Honig und Pollen. Die wohlgenährte Königin legt großzügig ihre Eier.

Es ist völlig normal, mitten im Monat in den Bruträumen drei große, mit Brutwaben überzogene Rahmen vorzufinden. Das bedeutet, dass der Wiederaufbau des Volkes bereits gut begonnen hat.

In den Jahren mit milden Wintern haben die Völker oft schon etwas früher mit ihrem Brutgeschäft begonnen und belegen Mitte März bereits sechs Brutrahmen. In der Provence ist dies meist die Regel.

Bienen auf offenen Brutwaben.

Der Reinigungsflug

Nach einer langen Periode des Eingesperrtseins fliegen die Bienen aus, um sich ihrer Exkremente zu entledigen. Sie fliegen vor der Beute große Kreise. Das ist für sie auch eine Art Orientierung für künftige „Langstrecken"-Flüge.

Biologie der Biene

Ihr Bedarf an Pollen und Nektar

Bienenlarven brauchen zum Aufbau ihres Organismus Proteine, Fette und Mineralstoffe. Diese Stoffe kommen in Aminosäureverbindungen vor, für die Pollen die Hauptquelle ist.

Pollen ist für das thermodynamische Gleichgewicht der Bienen wichtig, zu dem vor allem die Fette, die im Fettkörper der Bienen aus Zucker gewonnen werden, beitragen. Fette sind im Grunde genommen große Regulatoren. Sind sie in ausreichender Menge vorhanden, können die Bienen gut Futtersaft und Wachs produzieren und ihre Lebensdauer ist wesentlich länger.

Ein Mangel an Fett lässt die Bienen nur wenig Wachs produzieren, macht sie anfälliger für Krankheiten und ihre Lebensdauer ist kürzer. Fette sind darüber hinaus entscheidend für das Überleben der Bienen im Winter. Die Fettvorräte junger Winterbienen hängen von der Menge des von September bis Oktober verzehrten Pollens ab.

Bienen auf verdeckelten Brutwaben.

Das „Bienenbrot“

Bevor der Pollen als Nahrung verfüttert wird, wird er bei der Einlagerung in den Wabenzellen zunächst vorverdaut. Die im Speichel der Bienen enthaltenen Enzyme, mit dem sie den Pollen benetzen, lösen einen Gärprozess aus (Milchsäuregärung). Zehn Tage später wird aus dem Pollen das so genannte „Bienenbrot“ (das man an seiner glänzenden Farbe in den Wabenzellen erkennt). Dieses Brot wird von den Bienen verzehrt und von den Jungbienen, den so genannten „Ammenbienen“, in Königinnenfuttersaft bzw. nahrhaften Futterbrei umgewandelt.

Der Nektar an sich liefert den Zucker, also den für die Funktion des Bienenorganismus notwendigen „Brennstoff“. Sein Vorrat im Volk löst eine rege Aktivität aus und führt zum Wärmeaustausch zwischen den Bienen, die in steigender Zahl die Königin füttern, damit deren Eiablage „angestoßen“ wird.

Pollen und Nektar gehen daher Hand in Hand bei der Ernährung des Volkes. Ein Ungleichgewicht verursacht gefährliche Mangelerscheinungen in der Entwicklung der Puppen. Daher erzeugen die

Bienen an einem Tropfen Zuckerwasser.

Rundmaden.

Bienen, wenn nicht ausreichend Pollen eingebracht wird, weniger Futtersaft und die schlechter ernährten schlupfreifen Puppen sind wesentlich krankheitsanfälliger und besitzen nur eine kurze Lebensdauer. Bei nachlassendem Polleneintrag erzeugen die Bienen weder Futtersaft noch Futterbrei. Dadurch lässt die Legetätigkeit der Königin sofort nach und das Volk nimmt allmählich an Stärke ab.

Die Fortpflanzung der Drohnen

Die Anzahl der reifenden Bienen wird immer größer, die Fortpflanzung der Drohnen beginnt. Ein Drohn schlüpft wie die Arbeiterinnen aus einem von der Königin gelegten Ei. Allerdings ist das Ei, aus dem der Drohn entsteht, unbefruchtet. Seine Reifung dauert 24 Tage und er braucht nach dem Schlupf mindestens 3 Wochen, bis er begattungsfähig ist. Seine Begattungsfähigkeit kann der Drohn nur einmal in seinem Leben unter Beweis stellen, da er nach der Begattung stirbt.

Tatsächlich sind nur wenige Drohnen an der Begattung beteiligt. Man sagt ihnen eine wichtige, weithin verkannte Rolle nach: Sie sollen die Brutzellen erwärmen. Zweifellos ist das der Grund, warum bei absteigender Entwicklung in Zeiten eines Futtermangels die Drohnen von den Arbeiterinnen aus den Beuten verjagt werden und umkommen.

Im Normalfall fliegen die Drohnen bei voller Sonne aus der Beute aus. Sie können sehr hoch fliegen, indem sie sich vom Wind treiben lassen und wieder absteigen, um Einlass bei einem anderen Volk zu finden, vom dem sie meist aufgenommen werden. Diese Besonderheit, das „Einbetteln“, trägt zur genetischen Vielfalt bei, die zum Erhalt von Bienenvölkern, die sich den ökologischen Veränderungen anpassen können, unerlässlich ist.

Die Königin und ihr Hofstaat.

Die Begattung der Königin

Die Königin wird innerhalb der ersten zehn Lebenstage von 10 bis 20 Drohnen begattet. Die Begattung erfolgt im Laufe mehrerer Hochzeitsflüge. Die Kopulation findet hoch in der Luft statt. Dabei dringt der Penis des Drohns in die Königin ein, bleibt in ihrer Scheide zurück und der Drohn fällt tot zu Boden.

Die Königin kehrt anschließend zu ihrem Stock zurück. Bei Bedarf entfernen die Bienen den inzwischen entbehrlich gewordenen Penis, das sogenannte Begattungszeichen. Danach geht die Königin erneut auf Hochzeitsflug.

Hygiene und Gesundheit des Bienenstandes

Massiver Totenfall am Winterende

Im März kann nicht selten ein massiver Totenfall von Völkern beobachtet werden. Bei im Oktober noch starken und zum Winteranfang immer noch lebenden Völkern, fallen zwischen Februar und März ungewöhnlich viele tote Bienen auf, obwohl unverbrauchte Honigvorräte vorhanden sind. Dieses Phänomen kann bei allen Bienenvölkern, starken wie schwachen, festgestellt werden. Es ist heutzutage nach wie vor ungeklärt.

Mit Ausnahme erwiesener Krankheiten und Vergiftungen durch Pestizide handelt es sich häufig um Völker, die mit zu wenigen Jungbienen überwintert haben. Auf Grund verspäteter Einfütterung gegen Sommerende durch den Imker sind diese Bienen vorzeitig gealtert. Zur Gesunderhaltung der Völker ist es daher lebenswichtig, das zur Überwinterung vorgesehene Futter in angemessener Menge bereitzustellen, da das Frühlingsfutter erfahrungsgemäß die Entwicklung der Völker beschleunigt.

ACHTUNG! *Die Stärke unserer Bienenvölker ist während der Überwinterung nicht mehr so groß, wie wir das von früher kennen. Darauf reagieren wir, indem wir die Gesundheit der Winterbienen auf das Sorgfältigste durch frühzeitig gereichte Fütterung erhalten.*

Die Bekämpfung der Ruhr

Die Ruhr kann früh in der Saison bekämpft werden, indem warmes Zuckerwasser im Gewichtsverhältnis 50:50 angeboten wird. Ein früher Reinigungsflug an einem sehr sonnigen Tag begünstigt die Gesundheit der Bienen. Ein mit Futter gefülltes Glas mit Twist-off-Deckel, in das man mit einem Nagel ein kleines Loch schlägt, ist eine gute Möglichkeit, um Bienen auch an kühlen Tagen zum Aufnehmen des Futters zu bewegen. Stülpen Sie über das Futterglas eine leere Zarge. Erwähnenswert ist, dass starke Völker häufig weniger anfällig für die Ruhr sind. Sie können die Wärme besser halten, und die einzelne Biene muss weniger Honig fressen. So wird ihr Verdauungssystem weniger belastet.

Arbeiten am Bienenstand

Reizfütterung

Zur Aufrechterhaltung und Unterstützung des Brutgeschäfts des Volkes können Sie den Bienen im März bis zu einem halben Liter auf 40 °C erwärmten Sirup reichen, den Sie in die Futterzarge gießen. Das beschleunigt die Eiablage der Königin.

MEIN TIPP: *Diese Maßnahme sollte erst dann ergriffen werden, wenn sehr viele Bienen Pollen unterschiedlichster Farben einbringen, um ein Ungleichgewicht zwischen Nektar- und Pollentracht zu vermeiden. Wenn Sie sich für eine Reizfütterung entschieden haben, fahren Sie mit dieser fort bis die reguläre Tracht einsetzt. Allenfalls geht die Königin wieder aus der Brut.*

Tränken einrichten

Die Bienen gehen bereits sehr früh in der Saison auf die Suche nach Wasser für die Erzeugung ihres Futtersaftes. Werden die Tränken zu spät bereitgestellt, werden sie von den Bienen nicht mehr angenommen, weil sie inzwischen andere Quellen gefunden haben.

Rundes Futtergefäß.

Gut zu wissen

Eine übermäßige Menge an Futter macht sich häufig durch Exkremente vor dem Flugloch und der Vorderseite der Beute bemerkbar. Dies ist jedoch kein Grund zur Beunruhigung, denn diese Form der Ruhr verschwindet, sobald man die Einfütterung einstellt.

Stellen Sie die Tränke(n) windgeschützt an einem sonnigen Standort auf (Bienen lieben lauwarmes Wasser, sie nehmen kein Wasser zu sich, das sie klamm werden lässt). Die Tränke sollte nicht in der Einflugschneise liegen, damit das Wasser nicht durch ihre Exkremente verunreinigt wird. Geben Sie regelmäßig frisches Wasser, dem man gerne etwa 2 g Kochsalz pro Liter zusetzen kann.

Böden wechseln

Böden sollte man bei schönem Wetter wechseln und säubern. Der Bodenwechsel ist die erste Gesundheitsmaßnahme am Bienenstand und gleichzeitig eine gute Gelegenheit zur Kontrolle.

Zu zweit ist der Bodenwechsel einfach. Nachdem Sie etwas Rauch in die Beute gegeben haben, entfernen Sie den Boden. Ein Imker hebt die Beute hoch (die zu dieser Jahreszeit relativ leicht ist), ein anderer nimmt den Boden weg und ersetzt ihn durch einen sauberen Boden. Danach muss das Magazin wieder richtig auf den Boden aufgesetzt und das Ganze wieder ordnungsgemäß aufgestellt werden.

Sind Sie beim Bodenwechsel allein, sollten Sie für den zweiten (neuen) Beutenboden einen Sockel parat haben. Sie stellen den sauberen Boden auf diesen Sockel, räuchern den Eingang zur Beute ein, nehmen den alten Boden heraus und setzen die Beute auf den neuen benachbarten Boden auf. Ein Umsetzen von 50 cm macht dem Volk nichts aus.

Gemülldiagnose

Das Gemüll auf dem Boden gibt wertvolle Hinweise auf den Zustand des Volkes.

Normale Situation

- Die Wachsreste sind dünn, schön parallel zu den Waben verlaufend (ein Zeichen dafür, dass das Volk mehrere Waben auf der Suche nach Honig abgelaufen hat). Je mehr Reihen vorhanden sind, desto stärker das Volk.
- Es sind einige tote Bienen zu sehen.
- Auf vollständig geschlossenen Böden entdeckt man etwas Schmutz. Beim Verzehren von Honig gibt das Volk viel Feuchtigkeit ab, die an den kalten Stellen der Beute kondensiert. Rähmchen werden am Unterträger feucht und dadurch brüchig und nutzen sich rasch ab. Diesem Umstand kann man abhelfen, indem man offene Drahtböden verwendet. Alternativ können Sie zwischen den geschlossenen Boden und die Brutzarge an zwei Seiten 5 mm dicke Leisten klemmen. Über die zwei offenen Seiten wird die Beute dann belüftet.

Grund zur Sorge

- Die Wachsreste sind sehr dick, oft haufenweise über den ganzen Boden verteilt. Das kann ein Zeichen für einen Eindringling sein, der in der Beute überwintert hat. Beim Öffnen der Beute findet man nicht selten zahlreiche angenagte und durchlöcherte Waben vor, manchmal sogar ein Nest.
- Ein weiteres Zeichen: Spuren von „Stroh" (zumindest glaubt man das anfänglich). In Wirklichkeit sind es die Überreste toter Bienen. Der sich bestens auf dem Boden im Warmen eingenistete Räuber – in einem solchen Fall meist eine Eidechse – hat regelmäßig Bienen gefressen. Das Problem kann gelöst werden, indem man offene Drahtböden verwendet, sodass die Kälte den Eindringling am Einnisten hindert.
- Eine große Anzahl toter Bienen ist zu sehen; ihre Menge übersteigt die Menge an Wachsresten. In diesem Fall ist das Volk vermutlich verhungert. Das völlige Fehlen lebender Bienen bestätigt diesen Verdacht.
- Zernagte Bienen, Blattstückchen, Schnur- bzw. Bindfadenreste, Schalen von Baumfrüchten – all das lässt an eine Spitzmaus denken, die sich eingenistet hat. Hier wurde versäumt, den Eingang zur Beute rechtzeitig zu verengen.
- Massenhafter Totenfall, verweste Bienen, ein stechender Geruch – das sind Anzeichen für eine Krankheit. Ist das Volk gänzlich verschwunden, sollte man schnellstens alles desinfizieren und sämtliche Rahmen verbrennen.
- Nichts von alledem, aber jede Menge brauner Exkremente, manchmal sogar sichtbar vor der Beute oder auf dem Anflugbrett oder auch auf der Vorderseite der Beute und ein Geruch nach frischem Brot. Hier handelt es sich entweder um eine Form der Ruhr, die durch eine unangemessene Flüssigfütterung oder Honig aus Honigtau ausgelöst wurde, den die Bienen nicht verdauen können, oder aber es besteht der Verdacht auf Nosemose, eine Erkrankung der erwachsenen Bienen, für die es bis heute keine medikamentöse Behandlung gibt. Ein langer Winter und ein feuchter Standort begünstigen die Entstehung der Nosemose. Die beste Vorbeugung sind ein trockener Standort, starke Herbstvölker und eine qualitativ hochwertige Winterfütterung. Fragen Sie im Zweifelsfall den Bienenseuchensachverständigen (BSSV) um Rat.

Eine Reißzwecke an der Beute zeigt eine Königin in Eilage an.

Eingang zur Beute.

Gut reagieren

Denken Sie daran, für jedes Volk die folgenden Angaben aufzuschreiben:
- Anzahl der von den Bienen besetzten Waben,
- Anzahl der Honigwaben,
- Anzahl der Pollen- und Honigwaben,
- Anzahl der Brutwaben.

Dank regelmäßiger Aufzeichnungen werden Sie jedes Jahr feststellen, dass die Anzahl der zum Erntezeitpunkt honiggefüllten Waben sich immer proportional zu der Anzahl der Brutwaben zu diesem Zeitpunkt verhält. Die Volksstärke wird anhand der Anzahl von Brutwaben zu dieser Jahreszeit gemessen.

Die Frühjahrsdurchsicht

Im allgemeinen erfolgt diese „Generalinspektion" kurz nach oder beim Auswechseln der Böden, wenn die Völker auf Grund der wärmeren Temperaturen etwas länger geöffnet sein können.

Ist das Wetter im März nicht mild genug, muss man die Frühjahrsdurchsicht auf den April verschieben. Für das Volk bedeutet dies eine sehr große Störung, die man durch die Gabe einer kleinen Menge warmen Zuckerwassers wiedergutmachen kann.

Bei der Durchsicht kann man unter anderem die Fläche der Brutwaben messen, sowie die Volksstärke und die Qualität der Eiablage der Königin einschätzen. Gleichzeitig kann man zu stark mit Kittharz verklebte Zargen auswechseln, saubere und desinfizierte Zargen einsetzen, stark abgenutzte Rahmen austauschen, neue Mittelwände einsetzen und so fort.

Diese Durchsicht kann unter Umständen die einzige im ganzen Jahr sein. Dafür muss man sie aber zwingend vornehmen. Kein Imker darf sich vor dieser Arbeit drücken – nur sie erlaubt, zu Beginn der Saison die Qualität und die Stärke der Völker zu beurteilen.

Volkszählung

Überprüfen Sie vor allen Dingen die Volksstärke. Dies abzuschätzen ist zwar schwierig, aber man gelangt dennoch zu einem Ergebnis, wenn man die Wabenoberträger vor dem Herausnehmen betrachtet. Man zählt nicht die einzelnen Bienen, sondern sucht nach Hinweisen auf ihre potenzielle Stärke.

Anhand der dichtgedrängten Bienen auf dem Wabenoberträger können Sie die Zahl der von der Wintertraube belegten Waben einschätzen. Dieser Hinweis genügt, um die Situation im Vergleich zu anderen Beuten, die Volksgröße einzuschätzen.

Rücken Sie das Brutnest ins Zentrum

Nicht selten kann man beobachten, dass das Volk im Winter auf die frühmorgens von der Sonne beschienene Seite der Beute gewandert ist.

Um das Volk wieder ins Zentrum zu rücken, platziert man das Brutnest am besten mitten in der Beute und setzt auf beiden Seiten gleichviele ausgebaute Waben und Mittelwände ein. So hat die Königin genügend Möglichkeiten, ihre Eiablage kreisförmig um das Brutnest auszudehnen.

Bienen auf einem Wabenoberträger.

Beobachtung der Völker

Normale Situation

- Zum jetzigen Zeitpunkt des Jahres sollten die Völker drei Brutrahmen belegen. In manchen Jahren belegten sie bei mir bis zu sechs Rahmen.
- Die Brutwaben müssen regelmäßig und geschlossen sein. Je größer die Oberfläche, umso stärker, kräftiger und gesünder ist das Volk.
- Bei regelmäßigen Brutflächen und entweder ganz verdeckelten oder ganz offenen Brutwaben liegt die Eiablage noch nicht lange zurück. Nach mehreren aufeinanderfolgenden Brutzyklen kann man abwechselnd konzentrische Kreise von offenen und verdeckelten Brutwaben erkennen.

Grund zur Sorge

- Hat das Volk weniger als drei Rahmen belegt, ist das Volk eher schwächlich und wird zweifellos weder Honig für den Imker erzeugen noch gute Waben bauen. Ist die Ursache hierfür eine Königin, die bereits das dritte Lebensjahr erreicht hat? Oder eine wenig fruchtbare Königin auf Grund ihrer Konstitution oder eine Königin, die wegen Krankheiten oder Parasiten unfruchtbar geworden ist? Was auch immer die Ursache ist, dieses Volk müssen Sie aufmerksam beobachten. Ist kein Honig vorhanden, so kann die Königin doch einige Waben mit Bienen oder Brut liefern, die sich für mögliche künftige Kunstschwärme eignen.
- In einer Art „Mosaikmuster" verstreute Brut kann auf *Paenibacillus*-Sporen (Faulbrut) hindeuten.
- Nicht verdeckelte Wabenzellen mit Kittauflage und einer sichtbaren bereits toten bzw. frischtoten Streckmade, ist ein Zeichen für kleine Motten, die sich auf dem Wabenzellboden vermehren. Entfernt man die Made mit einer Pinzette, bemerkt man schwarze Spuren am anderen Ende, die Hinterlassenschaften der Motten.
- Viele Bienen, aber keine Spur von Brut oder gar Honig? Ja, das kann passieren und meistens dann, wenn man es nicht erwartet. Von den möglichen Ursachen ist die offensichtlichste (und darauf muss der Imker einfach achten) Ursache eine zu spät erfolgte Einfütterung, die die Bienen hat vorzeitig altern lassen. Die Einwinterung von gealterten Bienen führt dazu, dass ein frühes Brutgeschäft im Winter nicht möglich ist und dass das Bienenvolk unausweichlich eines natürlichen Todes stirbt. Dieser Umstand deutet darauf hin, dass künftig bereits im Juli eingefüttert werden sollte.

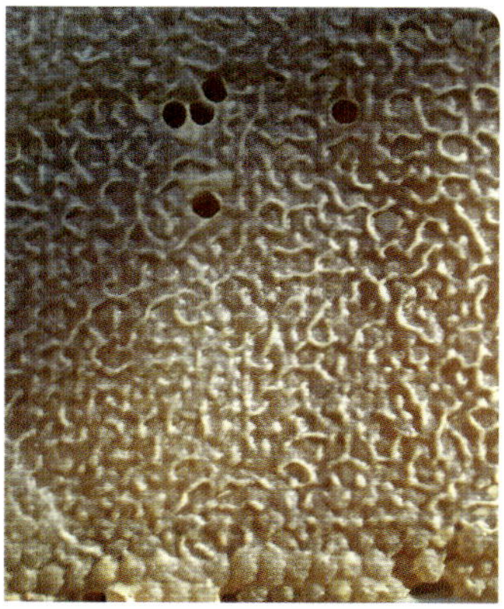

Verdeckelter Honig.

Biotechnische Maßnahmen zur Varroabekämpfung

Die von der Drohnenbrut magisch angezogenen Varroaweibchen lassen sich zu mehreren in Wabenzellen mit Puppen verdeckeln. Sobald die Drohnenbrutwaben verdeckelt sind, zerstört man sie bzw. schneidet sie aus. Diese Maßnahme führt zu einer empfindlichen Einbuße an Varroaweibchen und deren Abkömmlingen im Bienenvolk.

Zeichnen der Königin

Wenn Sie die Königin entdecken, kontrollieren Sie die Jahresfarbe ihres Schlupfjahres. Ist keine vorhanden, zeichnen Sie die Königin mit der Farbe des Vorjahres. Ein systematisches Zeichnen der Königinnen erlaubt dem Imker die genaue Kenntnis ihres Alters. Zudem kann der Imker erkennen, ob seine Bienen umgeweiselt haben.

Gleichgewicht der Völker

Sie werden vermutlich feststellen, dass manche Völker sehr viele Brutwaben haben und manche wiederum nicht. Zu gegebener Zeit sind Sie vielleicht daran interessiert, verdeckelte Brutwaben unter zwei Völkern auszutauschen. So bringen Sie die Völker ins Gleichgewicht, indem Sie ihnen dieselbe Anzahl an Waben mit offener bzw. verdeckelter Brut geben. Nehmen Sie Brutwaben ohne ansitzende Bienen oder fegen Sie diese ab.

Etwas später, wenn die Entwicklung der beiden Völker weiterhin nicht gleichmäßig verläuft, können Sie die schlechte Königin ausmachen und sie umgehend erneuern. Diese Maßnahme dürfen Sie jedoch nur dann durchführen, wenn Sie sicher sind, dass in den Völkern keinerlei Brutkrankheiten herrschen, denn sonst werden alle Völker angesteckt.

Einen Ableger vom Vorjahr mit einem Wirtschaftsvolk vereinigen

Wenn Sie Kunstschwärme auf fünf Waben gut überwintert haben, können Sie diese am Monatsende mit den Wirtschaftsvölkern vereinigen. Bei dieser Gelegenheit kann man gleichzeitig Teile der Beute erneuern. So geht man vor:

- Nehmen Sie eine desinfizierte Beute sowie zwei Randwaben mit neuen Mittelwänden, dazu zwei Baurahmen zur späteren Entnahme der Drohnenbrut (mit einer Reißzwecke im Oberträger dieser Waben sind Letztere später leichter zu finden).
- Stellen Sie die Beute am Standort des Wirtschaftsvolkes auf, mit dem der Kunstschwarm vereinigt werden soll.
- Nehmen Sie die Waben eine nach der anderen heraus. Sprühen Sie etwas mit Thymiangeist versetztes Wasser auf beide Seiten, um den Stockduft zu neutralisieren. Den Thymiangeist erhalten Sie im Imkereifachhandel.
- Hängen Sie alle Brutwaben (mitsamt den Bienen) aus dem Ablegerkasten in die Mitte der Beute. Kontrollieren Sie genau, dass die Königin dabei ist und auch gezeichnet ist.
- Setzen Sie auf beiden Seiten der neuen Beute die Brutwaben mitsamt den Bienen aus dem Ertragsvolk ein, danach die Pollenwaben aus beiden Völkern. Bei Bedarf hängen Sie noch

Oberträger einer Wabe.

Honigwaben ein. Suchen Sie die Altkönigin und entfernen Sie sie aus dem Volk.

– Lagern Sie die überzähligen Leerwaben ein.

Dieses Volk wird aus zwei neuen Mittelwänden sowie zwei ausgebauten Honigwaben gebildet, die die Königin zu gegebener Zeit bestiften wird. Unter diesem Rahmen bauen die Bienen eine im wesentlichen aus Drohnenzellen bestehenden Wabe aus, die sich ausgezeichnet als Varroafalle eignet.

Auf diese Weise verfügen Sie mit minimalem Aufwand über ein starkes Ertragsvolk mit zwei bis vier neuen Waben, bei dem der Befallsdruck der Varroa herabgesetzt wurde.

Reizfütterung der Pflegevölker zur Königinnenaufzucht

Bereiten Sie für die zukünftige Königinaufzucht mit Zuchtstoff solche Völker vor, von denen Sie gezielt Drohnen für eine Zuchtserie haben möchten. Die Zuchtvölker erhalten etwa einen Monat lang Reizfutter. Man rechnet den Beginn der Reizfütterung vom Datum des Zuchtbeginns zurück.

Dieses Datum, auch Tag 0 genannt (Tag der Umlarvung), bestimmt den Zeitplan der Eingriffe durch den Imker:
Ab Tag 0–45 erhalten die als Drohnenspender bestimmten Völker eine Reizfütterung. Ab Tag 0–25 erhält das Muttervolk, aus dessen Puppen die Königinnen hervorgehen und das als Anbrüter fungiert, Reizfütterung. Am Tag 0 erfolgt die Umlarvung.
Am Tag 0+11 verfügt man über schlupfreife Weiselzellen.

Nicht vergessen

Denken Sie daran, die Stockkarte eines jeden Volkes auf dem Laufenden zu halten. Die Fläche der Honig- wie der Brutwaben wird in ganzen Rähmchen oder in Hälften oder Dritteln einer oder beider Seiten gemessen, aber auch in „Handflächen“! Jeder Imker wendet seine eigene Meßmethode an. Eine ungefähre, jedoch regelmäßige, immer auf die gleiche Weise durchgeführte Schätzung gibt wertvolle Hinweise, die entscheidend zur Erfahrung des Imkers beitragen. Sie können diese Stockkarte in einer Plastikhülle unter das Beutendach legen oder alle Angaben in einem kleinen speziellen Heft notieren oder sie mit Bleistift auf ein glatt geschliffenes Stück Sperrholz unter dem Dach schreiben.

Futterzusätze

Für die Gesundheit der Bienenvölker stehen zahlreichen Futterzusätze zur Verfügung. Verwenden Sie ausschließlich wissenschaftlich kontrollierte Produkte. Zahlreiche Rezepturen, die im Internet kursieren, sind nicht belegt und können zweifelhafte Substanzen in Ihren Honig bringen.
Notieren Sie in Ihrem Zuchtbuch Namen und Anschriften von Lieferanten von Zucker, Sirup und Futterzusätzen.

Gut zu wissen

Aus Sicherheitsgründen sollten Sie zur Fütterung Ihrer Bienen niemals Honig verwenden. Füttern Sie trotzdem mit Honig, dann sollte hierfür ausschließlich der von Ihnen selbst erzeugte Honig verwendet werden.

Tipp des Monats

Bienen sollten ausschließlich mit Zucker in Lebensmittelqualität gefüttert werden. Dies schließt Melasse, Verarbeitungsrückstände usw. aus. Futterzusätze sollten speziell für Bienen oder zum menschlichen Verzehr geeignet sein. Verwenden Sie ausschließlich im Handel erhältliches Trinkwasser oder Leitungswasser. Aufgefangenes Regenwasser ist aus Hygienegründen unbedingt zu vermeiden.

Kontrollgang an einer Beute

Bei schönem, warmem und ruhigem Wetter können Sie zwischen 10 und 16 Uhr arbeiten, vorausgesetzt, es herrscht hoher Luftdruck (bei niedrigem Luftdruck sind die Bienen angriffslustig). Ihr Grundwerkzeug hierfür ist der Stockmeißel. Sie haben die Wahl zwischen: einem großen Schraubenzieher, einer Nagelklaue/Schaber, dem sogenannten „Amerikanischen Stockmeißel", oder, noch besser, einem 40 cm langen Heber mit Reibfläche auf der einen und Nagelzieher auf der anderen Seite. Mit diesem Heber können Sie Wachsverbauungen an den Rändern der Rähmchen bzw. der Waben in Längsrichtung der Kästen abschaben.

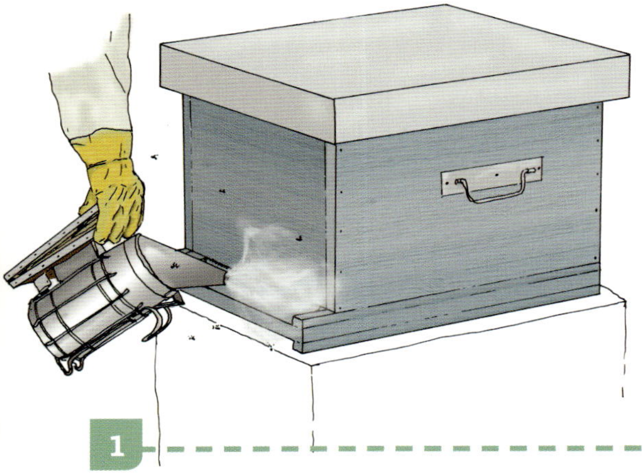

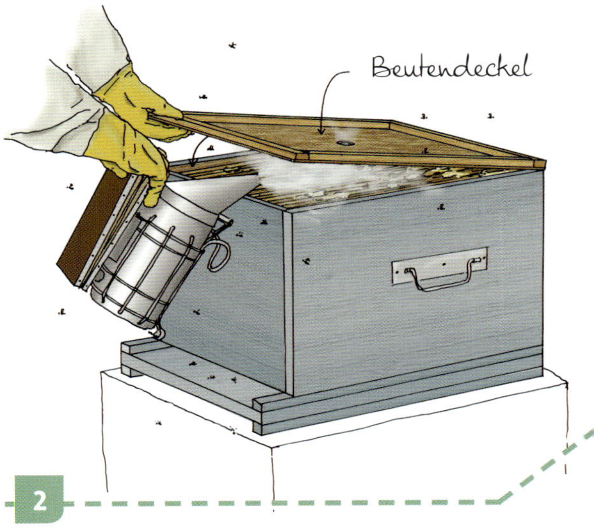

1

Mit drei Rauchstößen aus dem Smoker das Flugloch einräuchern,
um die Wächterbienen nach innen zu scheuchen und das Volk zum Honigfressen zu animieren. Vom Fressen schwerfällige und gesättigte Bienen sind nicht so angriffslustig. Warten Sie 1 bis 2 Minuten. Das wird Ihnen sehr lange vorkommen.

2

Heben Sie den Deckel oder das Dach der Beute an und smokern Sie etwas.
Verschließen Sie den Deckel gut. Legen Sie sich die Königinabfangzange zurecht. Heben Sie einige Sekunden später den Deckel an und sehen Sie nach, ob die Königin da ist.

Gut zu wissen

Eine übermäßige Beunruhigung des Volkes ist zu vermeiden. Seine Neuorganisation kann mehrere Tage in Anspruch nehmen, was sich nachteilig auf die Legetätigkeit der Königin und das Sammeln von Nektar auswirkt. Achten Sie auch darauf, keine Bienen zu zerdrücken, möglichst geräuschlos vorzugehen, die Waben sehr vorsichtig zu ziehen und auf eine leichte Rauchgabe, sobald die Bienen entweder durch ihr eigenes Brausen oder ihre Art angriffslustig werden sollten. Bevor Sie jedoch Ihre Bienen als angriffslustig einstufen, überlegen Sie, ob die Ursache dafür an Ihrer Rauchgabe oder an Ihrer Voreingenommenheit gegenüber den Bienen lag! Eine gute Methode, eine Beute richtig öffnen zu lernen, ist es, sie mit bloßen Händen zu öffnen. Auf diese Weise steigt der Respekt des Imkers vor den Bienen, ganz zu schweigen von seinem Lernerfolg.

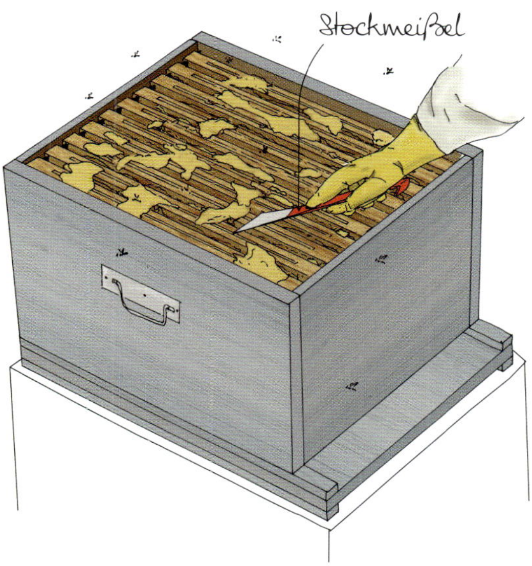

3

Kratzen Sie sämtliche Wachsbrücken zwischen den Waben ab.

4

Ziehen Sie die beiden Randwaben, inspizieren Sie diese rasch und hängen Sie sie in den Wabenhalter oder legen Sie sie in die Wabenkiste. Ziehen Sie eine dritte Wabe, die Sie ebenfalls inspizieren.

Sobald diese beiden Nachbarwaben gezogen sind, nehmen Sie eine Wabe nach der anderen heraus und kontrollieren Sie sie gründlich, um die Königin zu finden. Hängen Sie die Waben wieder in die Beute zurück und zwar in die freigemachte Wabengasse. Achten Sie darauf, dass Sie die bereits kontrollierten Waben auf die Beute legen, damit die Königin nicht auf den Boden fällt. Achten Sie ebenfalls auf die Reihenfolge der Waben und bringen Sie die Bienen nicht durcheinander, da Stockbienen nur wenig umherwandern, sondern wabenstet sind (Bienen leben in Gruppen von Schwestern zusammen).

GUT ZU WISSEN: *Hat man die Königin beim Wabenziehen nicht gesichtet, dann sichtet man sie beim Zurückhängen der Waben in die Beute. Zu dieser Jahreszeit sind die Völker klein und die Königin ist leicht zu finden. Nehmen Sie sie mit der Königinabfangzange auf und zeichnen Sie sie.*

Regionale Unterschiede

Der Frühling kann im Mittelmeerküstengebiet bereits im Februar einsetzen, jedoch erst Anfang April in dem Gebiet, das vom Département Lozère im Norden der Region Languedoc-Roussillon bis zum Norden Frankreichs reicht, und auch da nur im Flachland. Ab 1000 Meter Höhe beginnt er erst Anfang Mai. Die kurze Imkersaison im Gebirge hat zur Folge, dass die Imker mit ihren Beuten ins Flachland wandern, um die Bruttätigkeit anzuregen. Sobald die Völker stärker sind, werden sie Anfang Mai in guten Trachtgebieten aufgestellt; danach wandern die Beuten jeden Monat an einen anderen Aufstellungsort. Dazu muss man wissen, dass in einem Gutteil der Regionen der März zumeist ein sehr kalter Monat ist. Im März beschränkt sich daher die Arbeit des Imkers an seinen Bienenständen auf die Gabe von Futtersirup oder -teig zur Reizfütterung.

4 April

Im April beginnt für den Imker die Hochsaison. Jetzt darf er nichts versäumen, denn die Zeit verstreicht schnell. Er muss seine Völker in ihrer Entwicklung begleiten, damit er ab Mitte Mai eine erste Honigernte erhält. Gleichzeitig muss er seine Völker so vorbereiten, dass sie auch im nächsten Jahr eine zufriedenstellende Honigernte einbringen.

Das Wetter im April

„April, April, er weiß nicht was er will“ – dieses Sprichwort können sich die Imker zu Herzen nehmen, denn kurze, aber heftige Fröste sind in diesem Monat noch jederzeit möglich.

Der wechselhafte und launische April kann manchmal ein prächtiger Monat für die Völker sein, sofern er sich lauwarm und feucht präsentiert und dadurch für längere Trachtzeiten sorgt. Umgekehrt jedoch kann er mit viel Regen, gar Schnee und Frost enttäuschen, was die Blüte schnell verderben lässt, besonders die der Obstgehölze.

Trachtpflanzen

Die zwei auf den April folgenden Monate sind die zwei wichtigsten Trachtmonate des gesamten Jahres. Sie entscheiden über die gute Entwicklung der Bienenvölker und sind wegweisend für die künftigen Honigernten. Die Aprikosen beginnen früh mit ihrer Blüte, gefolgt von den anderen Obstgehölzen: Pflaumen-, Pfirsich-, Kirsch-, Weichselkirsch-, Apfel- und Birnbäume.

Weitere Gehölze stehen ebenfalls in Blüte, darunter Vogelkirsche, japanische Zierkirsche, Ahorn, Esche und Sanddorn als Pollenlieferanten bis in den Mai hinein, ebensowie Johannisbeer- und anderes Beerenobst.

Kirschbaum in Blüte.

Bei den Jahreskulturen ist der Raps die erste große Tracht, die sich sehr lange – bis hin zu einem Monat – ziehen kann. Raps ist eine reichliche Nahrungsquelle für die Bienen, mit einer Nektar- und Pollenqualität, die die Volksstärke buchstäblich explodieren lässt.

In frühen Jahren beginnt der Raps mit seiner Blüte bereits ab der zweiten Monatshälfte April. Mit den besten Völkern ist bereits Mitte Mai eine erste Honigernte möglich. Man kann mindestens 15 kg pro Beute ernten bzw. das Doppelte oder gar noch mehr, was aber die Ausnahme ist. Je nach Region und Sorte steht der Raps bis in den August hinein in Blüte.

Raps.

Zu nennen ist ferner auch der Löwenzahn, der bis zum August reichlich Nektar und Pollen spendet. Seine Blütezeit (mit der aber meistens gleich an den ersten schönen Tagen mit dem Rasenmäher kurzer Prozess gemacht wird) ist beeindruckend, sie entgeht häufig der Aufmerksamkeit des Imkers. Man schreibt dem Löwenzahn einen Ertrag von 200 kg Honig pro Hektar zu!

Auch der gelbe Hopfenklee blüht bis etwa Oktober. Leider fällt auch er meist vor der Blüte dem Rasenmäher zum Opfer.

Verschiedenfarbiger Pollen, perlmuttfarbene Brut.

In der Nähe der Königin

Am Flugloch, an der Stelle, an der die meisten Bienen in die Beute einfliegen, ist häufig auch die Königin zu finden. Bei günstiger Süd-Ost-Aufstellung der Bienen kann man beobachten, dass das Flugloch der Ort der Beute ist, der bereits frühmorgens von der Sonne erwärmt wird.

Lebensbedürfnisse des Bienenvolkes

Die Brut reift rasch heran

Im April ist eine schlagartige Zunahme der Brut zu beobachten, ihre Entwicklung richtet sich nach der Menge des von den Flugbienen eingebrachten Futters und der Sonnenscheindauer. Die Bruttätigkeit erreicht ihren Höhepunkt zur Sommersonnenwende und geht bis Dezember langsam zurück. An der Sommersonnenwende ist es immer noch warm und die Sonne scheint, aber die großen Frühjahrstrachten sind vorüber.

Die Entwicklung der Völker steuern

Am Flugloch kann man zahlreiche Bienen mit Pollenhöschen beobachten. Ein unaufhörliches Kommen und Gehen von Bienen an der Beute ist gleichfalls ein gutes Zeichen für ein vitales Volk.

Auf Grund der aufsteigenden Völkerentwicklung ist die Erzeugung von Futtersaft und Wachs zu diesem Zeitpunkt des Jahres sehr hoch. Dies bleibt so während der zwei kommenden Monate, solange beständig Nektar zur Verfügung steht und es zahlreiche Ammen- und Baubienen gibt.

Daher ist es wichtig, diese Dynamik des Volkes zu nutzen und zu steuern:

- um die Volksstärke zu erhöhen und die stets nützlichen Kunstschwärme zu bilden,
- für den Ausbau von Mittelwänden,
- für die Bildung von Kunstschwärmen, die sich bei ständiger Fütterung rasch entwickeln,
- und zur Erzeugung von Honig!

Die Ammen- und die Baubienen steuern die Entwicklung des Volkes. Zu Beginn des Monats April ist ihre Zahl gering und es ist nur wenig Wabenbau zu beobachten. Am Ende des Monats ist der Wabenbau bei günstiger Witterung dagegen deutlich intensiver.

Biologie der Biene

Die Wachsdrüsen nehmen ihre Arbeit auf

Bei der Ammenbiene beginnen, nachdem sie keinen Futtersaft mehr produziert, acht Wachsdrüsen am Hinterleib eine Woche lang mit der Erzeugung von Wachs. Zwischen den 4. und 7. Bauchschuppen treten aus den Bauchsegmenten der Hinterleibsringe dünne Wachsplättchen aus.

Imker mit Beuten, die ein Beutenfenster haben, können folgendes Phänomen beobachten: Bei großen Honigeinträgen kann man hinter dem Glas Bienen sehen, die sich schnell im Kreis drehen und dünne Wachsplättchen tragen, die zwischen den Bauchschuppen austreten. Innerhalb von 24 Stunden nach dem Honigeintrag sind diese Bienen schon schwieriger zu beobachten. Die Wachsproduktion hängt unmittelbar mit der Verfügbarkeit von Nektar zusammen.

Wie heißt es so schön: „Ist der Honig alle, dann soll auch das Wachs alle sein."

Wachs

Wachs ist ein Fett, das mit einem hohem Stoffwechselaufwand hergestellt wird. Um 60 g Wachs herzustellen, bräuchte man 1 kg Honig und eine unbestimmte Menge an Pollen. Neben den vom Imker zusätzlich gegebenen vorgeprägten Mittelwänden erfordert der Wabenbau einer Beute insgesamt 400 bis 500 g Wachs.

Hygiene und Gesundheit des Bienenstandes

Witterungsbedingt gefährdete Brut

Im April können große Temperaturunterschiede die reifende Brut gefährden. So kann man nach einer sehr kalten Nacht morgens tote Puppen finden, alle weiß und auf dem Anflugbrett ausgesetzt. Unter dem Einfluss einiger schöner Tage, mit Sonnenwärme und reich an Blüten, haben die Bienen die Legetätigkeit der Königin angeregt, sodass viele Brutwaben vorhanden sind. Dann drängen sich in einer Nacht, die kälter ist als die anderen Nächte, die Bienen eng zusammen und lassen die Brut im Stich, die sie bis zu dem Zeitpunkt bei einer Temperatur von 35 °C bis 37 °C gewärmt hatten. Um sich gegenseitig zu wärmen, verlassen sie den Brutraum, dessen Temperatur fällt stark ab und die Brut stirbt. Bis zum nächsten Morgen haben die Bienen die Kadaver bereits aus der Beute geschafft.

Varroa-Prophylaxe

Zum jetzigen Zeitpunkt des Jahres sollte man Drohnenbrutwaben bauen lassen und diese nach der Verdeckelung entnehmen. Auf diese Weise kann man die Varroaweibchen, die sich bevorzugt auf Drohnenbrut fortpflanzen, in großer Zahl fangen. Hierzu dienen die am Rande des Brutnests eingesetzten leeren Baurahmen.

Die Königin legt dort ihre Eier ab und sobald die Baubienen aktiv werden, bauen sie automatisch den leeren Raum unterhalb

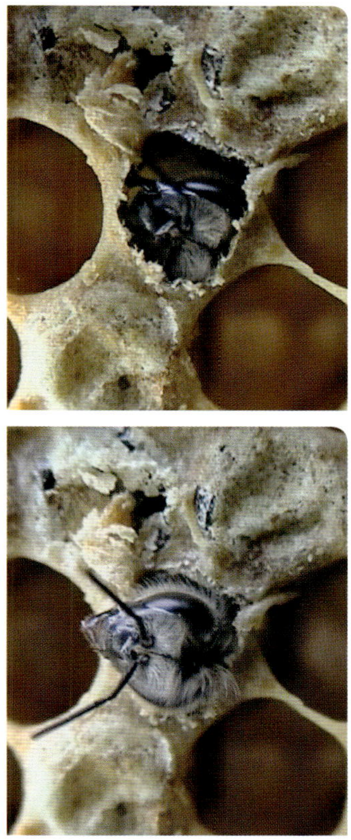

Schlupf einer Biene.

Eine anzeigepflichtige Tierseuche

Die AFB muss dem zuständigen Veterinäramt angezeigt werden. Hobbyimkern sei dringend angeraten, den zuständigen Amtstierarzt zu benachrichtigen, damit er die Lage prüft und entsprechende Vorgaben erteilt.

dieses Rahmens zu einer Wachswabe mit Wabenzellen von der Größe von Drohnenzellen aus.

Faulbrut, die größte Gefahr für die Bienenbrut

Die Europäische Faulbrut (EFB) und die Amerikanische Faulbrut (AFB) sind zwei Formen derselben Brutkrankheit, die ausschließlich die Bienenbrut befällt und dadurch die Zukunft des ganzen Volkes gefährdet. Die Faulbrut ist hoch ansteckend und zerstört durch Bakterien den Darm der Streckmaden. Die Sporen der AFB, einer resistenten Form der Erkrankung, können mehr als 40 Jahre überdauern.

Typisch für die **Europäische Faulbrut** ist ein lückenhaftes Brutnest mit offener Brut. Der bläulich perlmuttschimmernde Glanz der Brut verschwindet. Der Beute entströmt ein ungewöhnlicher, fischleimartiger Geruch.

Die Maden sterben in der Regel vor dem Verdeckeln ab. Offene Brutzellen inmitten verdeckelter Brutzellen, die zudem noch weiß oder gelblich sind, lassen auf Europäische Faulbrut schließen. Es existiert keinerlei chemische Behandlung und eine Umlogierung ist wirkungslos.

Die Erkrankung tritt im Frühjahr auf, wenn die Bienenvölker große Brutnester aufziehen. Häufig verschwindet sie spontan, besonders bei guter Tracht. Pierre Jean-Prost gibt an, dass die Teilung von Völkern das Auftreten der Erkrankung fördert, wohingegen eine Vereinigung von Völkern zum Verschwinden der Erkrankung beiträgt. Die Volksstärke und die Umgebungsbedingungen, unter denen die Völker sich entwickeln, scheinen ausschlaggebend für die Erkrankung zu sein.

Die **Amerikanische Faulbrut** ist außerordentlich ansteckend und breitet sich leicht im gesamten Bienenstand aus. Häufig ist der Imker der Hauptkrankheitsüberträger. Die von den Sporen befallenen Larven sterben im Verlauf ihrer Entwicklung ab. Sie nehmen die Farbe von Milchkaffee (hellbraun) an, sie sind aufgedunsen und ziehen zähe Fäden. Die Deckel sind eingefallen, durchlöchert, das Brutnest ist lückenhaft.

Nach den derzeitigen Vorschriften sollen erkrankte Völker nicht behandelt, sondern durch Abschwefeln getötet werden. Dies geschieht am besten abends durch Anzünden von Schwefelfäden in der Beute, sodass die Bienen absterben. Danach werden die Böden und Deckel abgeflammt und die mit Sporen belasteten Gerätschaften (Imkerjacke, Abkehrbesen, Stockmeißel) ebenfalls desinfiziert. Die Sanierung der Völker darf nur unter Anleitung eines Amtsveterinärs erfolgen.

Bei guter Volksstärke und bei begrenzter Ausbreitungstendenz der Erkrankung kann man die befallenen Völker retten. Hierzu

Die AFB erkennen

Der typische Test besteht darin, mit einem Zahnstocher oder angespitzen Streichholz in eine tote Larve zu stechen. Kann man einen zähen, mehrere Zentimeter langen Faden ziehen, liegt sehr wahrscheinlich ein Befall mit AFB vor. Neben dem fischleimartigen oder sauren Geruch und einem lückenhaften Brutnest ist dies ein entscheidender Hinweis auf AFB. Ein Besuch durch den Amtstierarzt ist daher unumgänglich.
Die Behandlung der Völker mit Antibiotika ist nicht gestattet.

trennt man die Bienen (die man behält) von der erkrankten Brut (die man verbrennt). Diese Maßnahme wird ausschließlich im Frühjahr an solchen Völkern durchgeführt, die zum Wabenbau in der Lage sind. Die Bienen kommen in eine zuvor vollständig desinfizierte und nur mit Mittelwänden ausgestattete Beute, die sie zu Waben ausbauen. So wird ein Kunstschwarm gebildet.

ACHTUNG! *Es muss äußerst sorgfältig und gründlich desinfiziert werden. Jegliches Gemüll, das von der befallenen Beute auf die saubere Beute übertragen wird, ist ein künftiger Infektionsherd für das Volk.*

Arbeiten am Bienenstand

Bestandsvermehrung

Hierzu sind mehrere Schritte nötig:

Trennschiede entfernen

Zunächst geht es darum, die Trennschiede zu entfernen, sofern Sie vorausschauenderweise das Volk gegen Sommerende im Vorjahr eingeengt haben.

Bei jedweder Handhabung ist es wichtig, die unveränderliche Wabenstellung beizubehalten: im Zentrum das Brutnest, daneben die Pollenwaben, danach ausschließlich Honigwaben. Werden die Waben zur Kontrolle entnommen, sollten Sie diese anschließend wieder in der richtigen Reihenfolge einhängen, da falsch zurückgehängte Waben die Bienen durcheinanderbringen.

Mit Bienen besetzer Rahmen.

Ausgebaute Waben einsetzen

Ab Monatsmitte, wenn es noch wenige Baubienen gibt, können Sie zusätzlich zu den Pollenwaben auch ausgebaute Mittelwände einsetzen, die Sie vor Wachsmotten gut geschützt den Winter über aufbewahrt haben.

Ableger beim Einzug in einen Ablegerkasten.

Mittelwände einsetzen ...

... gegen Monatsende, aber nur bei Auftreten von viel hellem Wabenbau, einem Zeichen für viele Baubienen. Die bei der Frühjahrsinspektion nach außen gehängten Mittelwände werden jetzt neben das Brutnest gerückt.

Werden die Mittelwände zu früh neben das Brutnest gerückt, riskiert man, dass sie längere Zeit nicht ausgebaut werden und so die Legetätigkeit der Königin blockieren. Denn die Königin geht nicht auf eine kalte Oberfläche, wie es eine Mittelwand ist. Dies ist für sie ein unüberwindbares Hindernis.

Mit wenig Honig ausgebaute Wabe, keinen Honigraum aufsetzen.

Gut mit Honig ausgebaute Wabe, Honigraum aufsetzen.

Einhängen von Baurahmen als Varroafalle

Baurahmen sind die ein bis zwei leeren Rähmchen, die dicht an das Brutnest gerückt wurden. Kontrollieren Sie schnell den Wabenbau in diesen Rahmen.

Enthält die Wabe viel verdeckelte Drohnenbrut, wird sie ausgeschnitten und zerstört. Die Befallsentwicklung der Varroamilben im Volk wird auf diese Weise gebremst. Anschließend können Sie diese Honigrahmen durch Mittelwände ersetzen, sofern das Volk einen guten Bautrieb zeigt. Falls nicht, setzen Sie wieder Leerwaben ein.

Volle Honigwaben mit wenig Arbeiterinnenbrut werden ohne ihre Bienen in einen Honigraum über ein schwächeres Volk gehängt. Dort kann die Brut schlüpfen. Sie verstärkt das schwächere Volk.

Honigräume aufsetzen

Der Honigraum erweitert und kühlt die Beute ab. Pfarrer Warré empfahl, zusätzliche Zargen seinem Beutenmodell unterzusetzen. So machen es die Verfechter der Warré-Beute noch heute. Bei den Dadant-Beuten jedoch wird der Honigraum oben über die Bienen aufgesetzt, die durch diese Abkühlung mehr damit beschäftigt sind, sich wieder aufzuwärmen. Die Königin bekommt somit weniger Futter und weniger Wärme und verlangsamt ihre Legetätigkeit. Daher ist es eine heikle Aufgabe, für das Aufsetzen des Magazins genau den richtigen Zeitpunkt zu erkennen.

Setzt man den Honigraum zu früh auf, geht die Legetätigkeit der Königin zurück. Ein zu spät aufgesetzter Honigraum beeinträchtigt durch das (durch Nektarfütterung stark vergrößerte) Brutnest die Königin in ihrer Legetätigkeit und führt zum Schwärmen. Im Zweifelsfall setzt man den Honigraum lieber etwas zu früh als zu spät auf.

Wann setzt man den Honigraum auf?

Anhand der nachfolgend aufgeführten Vorzeichen erkennen Sie, wann der beste Zeitpunkt zum Aufsetzen des Honigraums gekommen ist:

- Wenn Sie von zahlreichen Bienen auf den Oberträgern der Waben empfangen werden, sobald Sie das Dach abheben (ein Zeichen für eine große Volksstärke).
- Wenn beim Öffnen der Beute ein großes Gedränge an Bienen in den Wabengassen herrscht.
- Und vor allem, wenn Sie weiße Überbauten zwischen den Waben in der Mitte entdecken und diese vor lauter Nektar glänzen.

ACHTUNG! *Wenn Wachs den Zwischenraum von Deckel und Wabenoberträgern ausfüllt und beim Öffnen der Beute der Honig läuft, bedeutet dies, dass der Honigraum bereits viel früher hätte aufgesetzt werden sollen.* Manche Imker legen **vorsichtshalber** zwei Blatt Zeitungspapier zwischen Honig- und Brutraum. Zum richtigen Zeitpunkt zernagen die Bienen das Papier und bevölkern den Honigraum.

Den Honigraum zu früh aufzusetzen hat keinerlei Bedeutung, wenn die Bienen eine ausreichende Volksstärke besitzen. Arbeiten Sie ohne Absperrgitter, dann legt dort im schlimmsten Fall die Königin ein kleines Brutnest an. Da es das Brutnest einige Wochen später nicht mehr gibt, tritt Honig an seine Stelle. Bei einem schwachen Volk jedoch wird man im Honigraum ständig Brutnester vorfinden.

Einzug eines schönen Volkes.

Fassen von Vorschwärmen

Ein Schwarm ist für den Imker, der ihn fängt, ein Geschenk des Himmels, für den Besitzer des abgeschwärmten Volkes jedoch ein Verlust.

Ein Schwarm verfügt über viele Bau- und Ammenbienen, er baut schnell wunderschöne Waben und die Königin legt darin viele Eier ab. Die Brut ist sehr zahlreich und in der Regel wird daraus ein sehr schönes Volk.

Bevor Sie jedoch zur Tat schreiten, nehmen Sie sich die Zeit und bereiten sich gut darauf vor. Kein Schwarm ist es wert, dass man deshalb zum Zirkusartisten wird und womöglich einen Unfall riskiert! Zumal der Schwarm nicht lange die Nachbarschaft belästigt, da sein Verschwinden von Natur aus vorprogrammiert ist.

Die Ausrüstung

Man benötigt einen Eimer oder eine Kiste mit ganz glatten Rändern, eine mit Mittelwänden ausgestattete Beute oder bzw. einen Ablegerkasten, wo der Boden fest an der Zarge fixiert ist. Befindet sich der Schwarm in einiger Höhe, verwenden Sie auch eine Stange, an die ein Gefäß genagelt ist (ein Hobbock beispielsweise).

Dann wird entspannt die ganze Ausrüstung bereitgestellt, die Zweige rund um den Schwarm geschnitten. Mit einem Wasserzerstäuber kann man den Schwarm gut einsprühen, um ihn abzukühlen und daran zu hindern, dass er einfach davonfliegt.

Bienen vorwärts Marsch!

Das Einschlagen/Schöpfen

Stellen Sie den Eimer baldmöglichst unter den Schwarm und schütteln Sie kräftig den Ast, an dem die Bienentraube hängt, damit die Bienen in den Eimer fallen. Kippen Sie den Schwarm in die Beute bzw. in den Ablegerkasten. Wiederholen Sie gegebenenfalls die Prozedur.

Denken Sie daran, den künftigen Standort der Bienen gut zu räuchern. Schließen Sie den Deckel zu drei Vierteln und lassen Sie kurz Ruhe einkehren. Sobald die Bienen zu sterzeln beginnen, kann man sicher sein, dass alles in Ordnung kommt, da die Königin sich zweifellos in der Beute befindet.

Lassen Sie das neue Volk möglichst bis zum Abend an Ort und Stelle stehen.

Bringen Sie dann das Schwarmvolk zu einem Ausweichstand. Füttern Sie bis zum vollständigen Wabenausbau. Besprühen Sie den Schwarm mit Milch- oder Oxalsäure und befreien Sie ihn so von den Milben.

Der Widerspenstigen Zähmung

Es ist nicht ganz einfach, zu verhindern, dass eine jungfräuliche Königin entkommt oder dass die Bienen aus einem neuen Kasten flüchten! Mitunter kommt es vor, dass ein Schwarm die Beute verlässt, in die er eingeschlagen wurde. Sie können versuchen, dies zu vermeiden, indem Sie

- gebrauchte Beuten bzw. Ablegerkästen verwenden, denen ein Bienengeruch anhaftet und die vor dem Einschlagen schnell abgeflammt werden, um den Geruch zu neutralisieren.
- ein offenes Bruträhmchen einsetzen, um die Ammen dort zu beschäftigen. Der einzige Nachteil hierbei ist, dass die Bekämpfung der Varroa weniger wirksam ist (da sich die Varroa in den Brutzellen vermehrt, kann man diesen Parasiten dadurch einschleppen).
- diesen Schwarm in Kellerhaft nehmen, nachdem er in die Beute eingeschlagen wurde und ihn zwei Nächte lang in Kellerhaft belässt. Die mit Honig vollgestopften Bienen sind ausreichend gesättigt, um zu überleben.

Stellen Sie die Beute entsprechend isoliert auf und füttern Sie Zuckerwasser im Verhältnis 50:50 ein.

Die weitere Betreuung

Nach einem Monat, wenn die Entwicklung des Volks normal verläuft, ein regelmäßiges und dichtes Brutnest sowie schöne Mittelwände und die Diagnoseergebnisse auf Varroa vorhanden sind, können Sie das Volk eines Abends bei Dämmerung wieder an den Bienenstand zurückbringen.

ACHTUNG! *Wenn Sie feststellen, dass ein Schwarm Krankheitsüberträger ist, müssen Sie ihn vernichten. Dazu wird er eines Abends mit Hilfe von Schwefelfäden abgeschwefelt. Anschließend ist die Ausstattung abzuflammen, die Rähmchen und Waben sind zu verbrennen.*

Teilung der besten Völker

Es ist einfach, Völker mit allen Arten von Beuten wie Warré-Beute, Langstroth-Beute, quadratischer Voirnot-Beute und anderen Magazinbeuten zu vermehren. In allen guten Handbüchern sind die unterschiedlichen Methoden beschrieben, ob mit oder ohne Suche nach der Königin.

Die einfachste Methode, bei der man nicht nach der Königin suchen muss, gelingt mit der Warré-Beute. Diese Methode funktioniert sehr schnell und nahezu immer, wenn man mit einem sehr starken Volk und auf zwei Zargen arbeitet, die getrennt werden können. Eine Zarge beherbergt eine Königin, in der anderen muss erst eine Königin aus einer sehr jungen Puppe herangezogen werden. Hierzu sind offene Brutwaben über zwei Zargen absolut unerlässlich. Dabei geht man wie folgt vor:

- Die beiden Zargen einen Spalt weit öffnen, ganz wenig räuchern (ein einzelner Rauchstoß genügt) und die obere Zarge auf frisches Gelege prüfen.
- Die obere Zarge auf eine möglichst mit ausgebauten Waben und einem Bodenbrett ausgestattete Zarge setzen. Das Ganze an einen anderen, mindestens 3 km entfernten Bienenstand verstellen und anfangs einfüttern, denn die Flugbienen müssen sich erst neu orientieren und neue Nektarquellen erschließen.
- Die untere Zarge auf frisches Gelege prüfen. Ist kein Gelege vorhanden, eine Wabe mit Eiern von einer Zarge in die andere umsetzen. Je weniger Sie mit den Waben hantieren, umso erfolgreicher wird Ihr Eingriff sein. Setzen Sie von unten nach Möglichkeit eine mit ausgebauten Waben ausgestattete Zarge ein. Verschließen Sie die Beute mit einem Innendeckel und einem Dach.
- Füttern Sie äußerst regelmäßig ein und lassen Sie das Volk einen Monat lang ruhen. Machen Sie danach eine Bestandsaufnahme, indem Sie die Königinnen suchen und mit der Jahresfarbe die künftige Königin zeichnen.

– Nicht durch das Flugloch räuchern. Damit entvölkern Sie die untere Zarge, da die Bienen in die obere Zarge aufsteigen.

Teilung eines Volkes in der Dadant- oder Langstroth-Beute

Mit den Dadant-Beuten oder solchen Langstroth-Beuten, die lediglich in einer einzigen Zarge Brut haben, können Sie eine Trennung/Teilung vornehmen, indem Sie die Hälfte der Brutwaben mit den ansitzenden Bienen in eine zweite Beute setzen und Honigwaben in eine zweite Beute bzw. einen Ablegerkasten. Das Ganze wird je nach Volksstärke durch ausgebaute Waben oder neue Mittelwände vervollständigt. Einzige Vorsichtsmaßnahme: In beiden Völkern müssen offene Brutwaben oder Waben mit Weiselzellen vorhanden sein.

Stellen Sie dann beide Beuten nebeneinander auf und warten Sie mindestens eine halbe Stunde, bis Sie die ruhigere Beute ausfindig machen. Diese besitzt logischerweise die Königin, die unruhigere Beute ist weisellos. Man setzt das weisellose Volk an den Standort der Mutterstation, das durch die Flugbienen verstärkt wird. Das Volk mit der Königin wird an einen anderen Bienenstand verstellt oder kommt zwei Nächte lang in Kellerhaft,

Dadant-Beute.

bevor es erneut innerhalb des Bienenstandes an einen neuen Standort kommt.

Die erste Honigernte

In guten Jahren kann man in Rapsanbaugebieten bereits im Mai einige Honigräume abernten. Zögern Sie nicht, Honigwaben aus den Zargen zu ziehen, in denen sich das Brutnest befindet, um den so schnell kristallisierenden und hart werdenden Honig zu entnehmen. Wenn Sie warten, können Sie diese Waben sonst nicht mehr schleudern. Dieser Honig sollte höchstens drei Tage lang im Klärbehälter stehen gelassen und dann abgefüllt werden, da er sonst im Klärfass kristallisieren würde. Um die Belastung für die Völker nach der Ernte auszugleichen und eine oft gleichzeitig nachlassende Tracht abzufangen, können Sie pro Beute einen Liter Zuckerwasser geben. Ausnahme: Wenn die Akazien-/Robinienblüte unmittelbar auf die Rapsblüte folgt.

Auf natürliche Weise entstandene Weiselzelle an der Wabe.

Nicht vergessen

Bienenzüchter, die ihre Produkte verkaufen, sind gut beraten, ein Zuchtbuch zu führen, das sämtliche Vorgänge im Laufe des Jahres dokumentiert, insbesondere alle Mittel, die zur Pflege und zur Fütterung verwendet werden. Dies dient der Rückverfolgbarkeit aller Substanzen in der Nahrungsmittelkette. Der Hobbyimker, der nur seine eigenen Produkte verzehrt, kann sich die Führung eines Zuchtbuches sparen.

Dennoch ist die Führung eines solchen Buches interessant. Es ist das Tagebuch, in dem alles aufgezeichnet ist, was das Leben innerhalb und außerhalb der Beute betrifft: eine Gedächtnisstütze für den Imker, was er alles gemacht und welche Ergebnisse er erzielt hat. Darin kann er seine Einkäufe an Gerätschaften, Medikamenten und Königinnen, seine Arbeiten am Bienenstand, die Ernten, Krankheiten, Schwarmbildungen, Völkervereinigungen, Teilungen usw. eintragen.

Anmerkung

Notieren Sie im Zuchtbuch die Beutennummer der von Krankheiten befallener Völker, das Datum und die Behandlungsmethoden sowie eine eventuelle Anzeigepflicht.

Tipp des Monats

Lassen Sie bei Erkrankungen den zuständigen Amtsveterinär und den BSSV kommen. Amerikanische Faulbrut ist eine anzeigepflichtige Tierseuche. Was anzeigepflichtig ist, regelt jeder Staat eigenverantwortlich. In Belgien z. B. fallen zusätzlich nicht nur Varroamilben sondern alle Milbenerkrankungen (Akariosen) und die Europäische Faulbrut unter die Anzeigepflicht.

Zwei in Europa noch unbekannte Parasiten

Sie sind Gegenstand besonders genauer Überwachung: *Aethina Tumida* (kleiner Beutekäfer der Ordnung *Coleoptera*, Schädling der Bienenbrut) und *Tropilaelaps clarae* (Tropilaelaps-Milbe). Kaufen Sie vorsichtshalber niemals Importköniginnen oder -schwärme von außerhalb Europas.

An der Amerkanischen Faulbrut (AFB) erkranktes Volk umsiedeln

Dies ist die einzige Behandlungsmethode der AFB, die bereits vor fünf Jahrhunderten von den Mönchen aus Schlesien praktiziert wurde. Die kompliziert scheinende Methode ist in Wirklichkeit ganz einfach, aber zeitraubend. Die einzige Voraussetzung für ein erfolgreiches Gelingen ist, dass man übervölkerte Beuten mit schwarmreifen Völkern besitzt. Arbeiten Sie am besten abends.

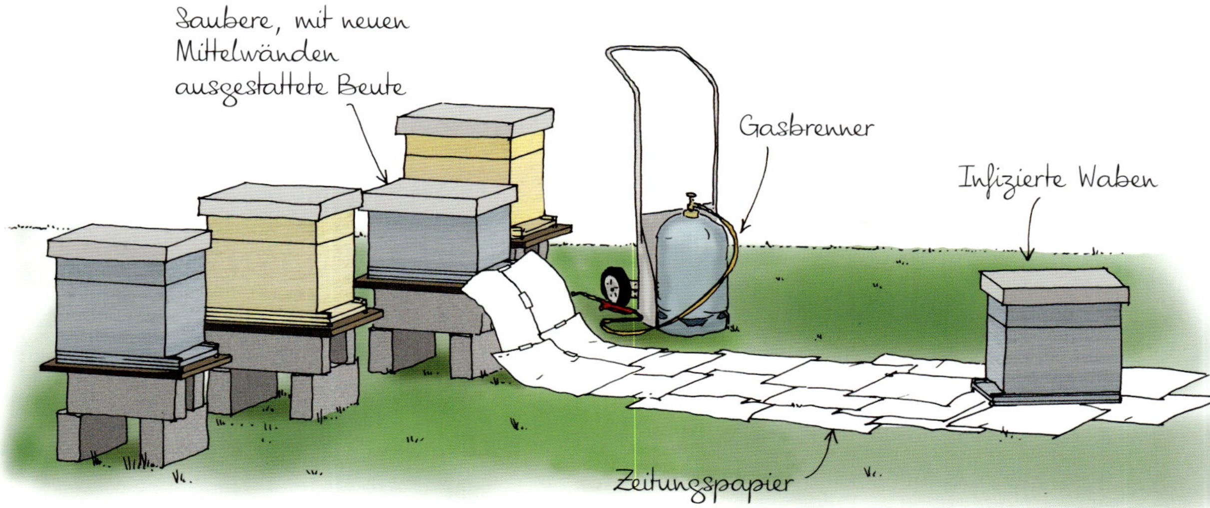

1

Stellen Sie das kranke Volk etwa zwei Meter entfernt von seiner neuen Behausung auf Zeitungspapier auf.
Flammen Sie anschließend mit einem Gasbrenner den bisherigen Standort ab. Stellen Sie dann dort eine saubere, mit neuen Mittelwänden versehene Beute auf. Legen Sie nun einen durchgängigen Weg zwischen den beiden Beuten mit Zeitungspapier, das bei Bedarf mit Tesafilm zusammengeklebt ist, oder mit einem Papiertischtuch aus und zwar bis auf das Anflugbrett der sauberen Beute hinauf.

Auf Grund des starken Bautriebs dieser Völker sollte man Ende April, im Mai oder spätestens Anfang Juni vorgehen. Im Juli gibt es weniger Baubienen, die Trachten sind nicht so ergiebig und die Völker stellen den Wabenbau ein. Zu diesem Zeitpunkt ist eine Umsiedlung nicht mehr machbar. Dann bleibt nur noch die Vernichtung des Volkes. Man schwefelt das Volk eines Abends mit Schwefelfäden ab, die unter einem Ziegeldach auf den Wabenoberträgern angezündet werden. Anschließend werden alle Bienen und Waben verbrannt.
Die restliche Beute wird danach gründlich abgeflammt.

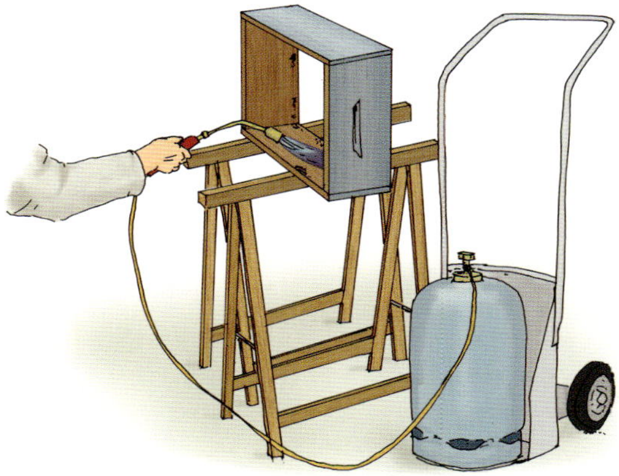

3

Flammen Sie abschließend die leere Beute
sowie sämtliche Gerätschaften wie Handschuhe und Kleidung gründlich ab, die mit den infizierten Rahmen in Berührung kamen. Lassen Sie Imkerschleier, Imkerjacke und Handschuhe 30 Minuten lang in Natron- oder Sodalauge einweichen.

2

Räuchern Sie das Volk ein und bringen Sie es dadurch zum Brausen. Das bewirkt, dass sich die Bienen mit Honig vollsaugen.
Ziehen Sie jede Wabe der befallenen Beute und schütteln Sie alle Bienen auf das Zeitungspapier. Stecken Sie die Brut- und Honigrähmchen in Abfallsäcke. Verpacken Sie alles Gemüll in Zeitungspapier ebensowie alle Rahmen, die anschließend verbrannt werden.

Das Zeichnen von Königinnen

Eine gute Völkerführung ohne das Zeichnen von Königinnen ist undenkbar. Diese Maßnahme dient zur Altersbestimmung der Königinnen, Kontrolle spontaner Umweiselungen, Bildung von Ablegern usw.

An dieser Stelle sei angemerkt, dass bei Warré-Beuten mit festgebauten Waben diese Maßnahme nicht möglich ist. Als Einsteiger können Sie an den Drohnen Erfahrung sammeln. Drohnen stechen nicht und sie sind zahlreich vorhanden. Idealerweise führt man das Zeichnen im Schatten und in einiger Entfernung von der Beute durch. Sollte die Königin davonfliegen, könnten Sie immer noch die Beute öffnen und 10 Minuten später würde sie dorthin zurückkehren! Manche Imker zeichnen ihre Königinnen zum Schutz vor möglichen Angriffen lieber in ihrem Auto. Die größte Gefahr bei einer wegfliegenden Königin im Auto besteht darin, dass sie vor dem Licht Schutz im Lüftungssystem oder in einem anderen unzugänglichen Winkel sucht! Liegt der Bienenstand in der Nähe einer Wohnung, gehen Sie in ein Zimmer mit Fenster. Wenn Ihnen die Königin entwischt, wird sie sich gegen die Fensterscheibe pressen und Sie können sie leicht wieder einfangen.

Zur korrekten Zeichnung benötigen Sie folgende Hilfsmittel: Königinabfangzange, Jahresfarbe, Königinzeichenrohr, Kunststoffrohr als Markierungshilfe. Nehmen Sie eine Farbe auf Azetonbasis wie Nagellack, oder wie die wasserfeste, glänzende und schnelltrocknende Farbe eines Textmarkers mit breiter Spitze. Im Imkereifachhandel werden spezielle Plättchen und Klebeharz angeboten.

Die Jahresfarbe

International wurden fünf Farben festgelegt, um das Schlupfjahr von Königinnen zu bestimmen. Für die Jahresendziffern sind dies:
1 und 6 = Weiß
2 und 7 = Gelb
3 und 8 = Rot
4 und 9 = Grün
5 und 0 = Blau

Königinnenzucht

Wer im Mai die Königinnenzucht betreibt, muss Ende April auch die Begattungskästchen und Miniplusbeuten sowie die Völker vorbereiten.
Die stapelbaren Ablegervölkchen sind **regelmäßig** bis auf vier oder fünf übereinandergestellte Zargen **zu erweitern**. Sie werden gefüttert, um ihre Entwicklung zu beschleunigen und geteilt, bevor sie in Schwarmstimmung geraten. Ersetzen Sie bei neuen Zargen die alten Waben durch neue Mittelwände. Die Reizfütterung der Ablegervölkchen ist wichtig, damit Sie Anfang Mai starke Völker besitzen, um bei Einsetzen der Weiselzellen von Zuchtköniginnen die Völker leicht teilen zu können.
Zu Monatsbeginn sollten die Anbrüter Reizfütterung erhalten, damit sie im Mai schwarmreif sind. Vorsichtshalber sollten zwei Pflegevölker gleichzeitig geführt werden, da der Imker unter Umständen vor Zuchtbeginn vom Schwärmen überrascht werden könnte! 25 Tage vor Zuchtbeginn führt man drei Reizfütterungen mit geringen Mengen an Sirup im Abstand von einigen Tagen durch. Lassen Sie die Bienen Drohnenbrutwaben bauen, auch wenn dies dem Bau von Arbeiterinnenbrutwaben zum Nachteil gereicht. Auf diese Weise erhalten Sie Drohnen einer gewünschten Zuchtserie. Hierzu verwendet man eine vorgeprägte Mittelwand, auch „Drohnenbrutwabe“ genannt, die in einer Größe von 490 Zellen pro dm^2 vorgeprägt ist. Diese Brutwaben können nur noch ein weiteres Mal, nämlich im Folgejahr, verwendet werden.
Denken Sie daran, dass der Drohn 40 Tage nach Eiablage geschlechtsreif ist. Drohnenbrutwaben erbringen erst im Juni des laufenden Jahres geschlechtsreife Drohnen, wenn die Brutsaison bereits weit fortgeschritten ist. Daher sind im laufenden Jahr gebaute Waben nur noch im Folgejahr verwendbar.

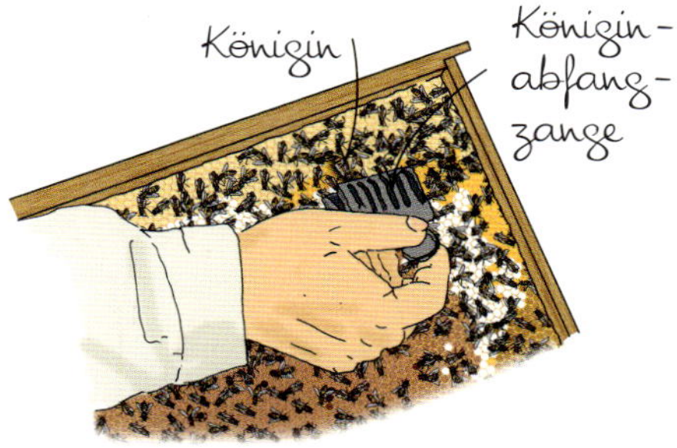

1

Nehmen Sie mit der Königinabfangzange
die Königin und die Bienen in ihrer unmittelbaren Umgebung vorsichtig auf, ohne sie zu verletzen. Verschließen Sie die Beute danach wieder gut.

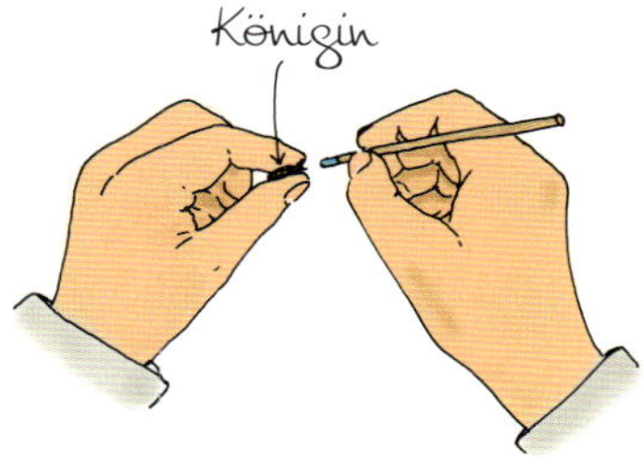

2

Entfernen Sie die Bienen aus der Zange, ohne dabei die Königin zu verlieren.
Halten Sie die Königin am Thorax zwischen Daumen und Zeigefinger, niemals jedoch an ihrem äußerst empfindlichen Hinterleib. Bringen Sie vorsichtig einen Farbtupfer zwischen ihren Flügeln an.

3

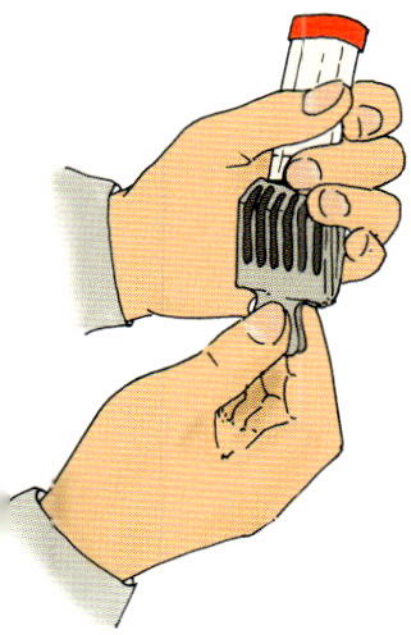

Wenn Sie sich diese Vorgehensweise nicht zutrauen, empfehle ich Ihnen die Verwendung eines Zeichenkäfigs.
Setzen Sie die Königin in das Kunststoffrohr ein. Mit dem Schaumstoffschieber wird die Königin sanft nach vorn so gegen das Netz des Rohrs gedrückt, dass ihr Rückenschild zum Zeichnen zugänglich ist.

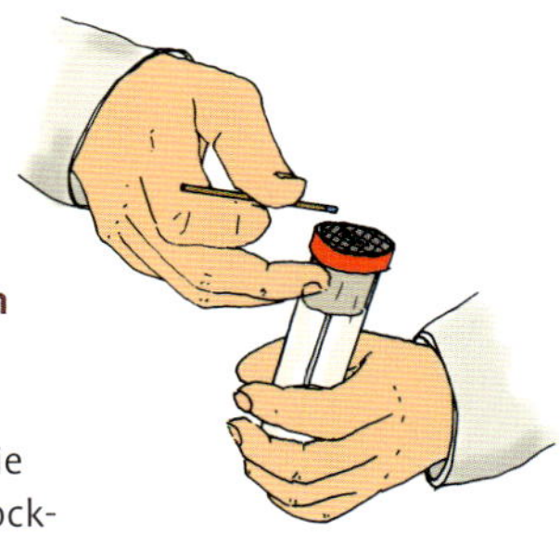

4

Bringen Sie auf dem Rückenteil der Königin einen Farbtupfer auf.
Lockern Sie Ihren Griff etwas und lassen Sie die Farbe 1 Minute lang trocknen. Setzen Sie danach die Königin wieder in die Abfangzange zurück.

5

Nach Beendigung des Zeichnens öffnen Sie die Beute,
ziehen eine Brutwabe und setzen darauf die Königin. Achten Sie darauf, dass die Königin von den Bienen nicht „eingeknäuelt" wird. Wenn die Bienen eine Kugel über der Königin bilden, räuchern Sie etwas, um sie auseinanderzubringen und warten Sie, bis die Bienen die Königin wieder normal belecken. Hängen Sie die Brutwabe vorsichtig wieder zurück, ohne dabei die Königin abzustreifen oder zu verletzen.
GUT ZU WISSEN: *Es gibt farbige und nummerierte Zeichenplättchen, mithilfe derer Zuchtserien, Ablegerbildung, usw. verfolgt werden können. Man bringt sie auf dem Rückenteil der Königin zwischen ihren Flügeln an, am besten mit einem Kleber auf Harzbasis aus dem Imkereifachhandel oder auch Sekundenkleber.*

5 Mai

„Wenn im Mai die Bienen schwärmen, sollte man vor Freude lärmen.“

Mit seiner Wärme und Feuchtigkeit sorgt der Monat Mai für ein schnelles Pflanzenwachstum. Ablegerbildung und damit auch die Königinnenzucht fallen in diese Zeit. Jeder Hobbyimker, der auf friedliche Bienen und einen guten Honigertrag Wert legt, wird sich damit beschäftigen. Mit Jungköniginnen aus ausgewählten Stammvölkern hält man die Schwarmstimmung im Zaum und sorgt für sehr starke Völker.

Das Wetter im Mai

„Der Mai, zum Wonnemonat erkoren, hat den Reif noch hinter den Ohren." Der gewiefte Imker wird sich dieses Sprichwort zu Herzen nehmen und weiterhin Vorsicht walten lassen, besonders zu Monatsbeginn. Zu diesem Zeitpunkt herrschen die sogenannten „Eisheiligen" (Mamertius am 11. Mai, Pankratius am 12. Mai, Servatius am 13. Mai, Bonifazius am 14. Mai und die „kalte Sophie" am 15. Mai), die je nach Region länger anhaltende Fröste mit sich bringen können. Je nach Froststärke sind die Auswirkungen auf die Natur und die Pflanzen sehr unterschiedlich. Nach den „Eisheiligen" wird es im Mai allmählich wärmer und die Bedingungen zum Pollensammeln besser.

Trachtpflanzen

Die Natur schmückt sich mit ihrer vollen Blütenpracht, Pollen und Nektar sind im Überfluss vorhanden – zur großen Freude der Bienenvölker. Im Mai blühen Weißdorn, Brombeeren, Himbeeren, Holunder, Thymian, die Blumen in den Gärten sowie Kotoneaster, der ganz besonders anziehend auf Bienen wirkt.

Besonders erwähnt werden muss auch die (Schein-)Akazie genannte Robinie, die häufig Anfang Mai in Blüte steht. Bei regelmäßigem Schnitt sind ihre zahlreichen Äste mit Blütentrauben übersät. Der aus ihrem Nektar gewonnene, fructosehaltige Honig kristalliert nicht. Sein sehr süßes Aroma wird sehr geschätzt. Dennoch ist der Akazienhonigertrag unbeständig. Akazienblüten benötigen eine Temperatur von 19 °C, bevor sie sich öffnen. Ihr Nektar fließt nur bei konstant hoher Bodenfeuchte reichlich.

Weißdorn.

Akazie.

Thymian in Blüte.

Futter-Esparsette.

Kaum hat der Wind die Wolken vertrieben und tritt die Sonne hervor, sodass sich die Knospen zu Blüten öffnen, führt trockene Witterung dazu, dass der Nektar der Akazie ausbleibt. Zu häufige Regenfälle bei niedrigen Temperaturen dagegen verhindern das Aufblühen der Akazienblüten. Unter solchen Umständen ist es nicht weiter verwunderlich, dass nur alle zehn Jahre einmal eine sehr gute Akazienhonigernte gelingt! Wenn die Akazie jedoch einmal ertragreich ist, dann ist dies für den Imker tatsächlich ein richtiges Wunder.

Der Mai ist auch die Blütezeit von Bergahorn und Kastanie sowie von Berberitzen, Faulbaum, Stechpalme, Schneeball, Deutscher Hundszunge, Wicke und Akelei bis in den Juli, von Glockenblumen bis in den August, der Gemeinen Ochsenzunge, Kornblume und den Senfarten bis in den September und von Borretsch bis in den Oktober. Manche Kleearten blühen bis in den November hinein.

Hervorzuheben ist die Futter-Esparsette, deren regelmäßige Blüte bis in den August reichlich Nektar und damit den weißen und in Frankreich sehr begehrten „Honig vom Typ Gâtinais*" liefert. Und schließlich sind da noch die einjährigen Gemüsepflanzen wie Gurken, Kürbis, Zucchini, Melonen, Bohnen usw., von denen manche bis in den Oktober hinein in Blüte stehen.

Lebensbedürfnisse des Bienenvolkes

Die ersten Honigeinträge

Die Entwicklung der Völker schreitet fort. Die für diese Jahreszeit typische, abwechselnd warme und regnerische Witterung ist gut für die Blumen. Die Bienen profitieren von der Fülle an Nektar und Pollen. Die Apriltrachten haben die Bienen hervorgebracht, die Maitrachten liefern häufig die ersten Honigernten. Im Stock kann auf Grund der zu Monatsbeginn noch herrschenden Kälte die Eiablage gehemmt sein und zur Schwarmbildung führen.

Das Bienenjahr von Mai bis Mai

Eigentlich beginnt das Bienenjahr am 1. Mai und geht ein Jahr später im Mai zu Ende. Tatsächlich ist die Ernte des laufenden Jahres die Frucht unserer Arbeit an den Völkern vom Vorjahr. Dem Vorjahr verdanken wir die Ableger, die uns ein Jahr später gute Wirtschaftsvölker liefern, die wiederum gute Honigernten einbringen.

Natürliche Schwarmbildung

Ein erfahrener Imker weiß, welche Völker in Schwarmstimmung sind. Er kennt das Alter seiner Königinnen und weiß, dass ältere Königinnen (über zwei Jahre) zum Schwärmen neigen. Dabei spielen jedoch noch andere Faktoren eine Rolle: die Größe der Beute im Verhältnis zur Volksstärke, das Trachtangebot am Standort, die Witterung, usw. Darüber hinaus gibt es Zuchtlinien, die schwarmfreudiger sind als andere. Ein Anzeichen für Schwarmstimmung ist

Bild rechte Seite: Schwarm über Warré-Beute.

* Anm. d. Üb.: Das Gâtinais ist ein Plateau in Zentralfrankreich, wo weißer Honig gewonnen wird.

Nicht ganz ungefährliches Schwarmfassen.

die Umkehr des Verhältnisses von der Fläche offener zu verdeckelter Brutwaben. Bislang war die Fläche der offenen Brutwaben weitaus größer als die der verdeckelten Brutwaben. Bei Schwarmstimmung verkehrt sich dieses Verhältnis ins Gegenteil, beispielsweise auf Grund einer vorübergehend gehemmten Eiablage der Königin. Nach und nach entsteht so ein Ungleichgewicht innerhalb des Volkes zwischen der Zahl der Flugbienen und der der Stockbienen, d. h. der Ammen- und Baubienen. Da es nicht genügend Brut zu pflegen gibt, wird der überschüssige Königinnenfuttersaft, das „Gelée royale", bestimmten Larven gefüttert, die dann zu Jungköniginnen werden, die wiederum Schwärme auslösen.

Die Folgen des Schwärmens

Im Verlauf des Schwarmakts gibt es keine frische Brut mehr, die Eierstöcke der Königin bilden sich zurück, ihre Legetätigkeit lässt nach, die Königin wird schlanker und dadurch wieder flugfähig. Sobald eine neue Königin aus ihrer Zelle schlüpft, fliegt die Altkönigin mit ungefähr der Hälfte des Bienenvolks davon. Werden die anderen schlupfreifen Jungköniginnen zu diesem Zeitpunkt nicht getötet/abgedrückt, wird bei jedem Schlupf einer neuen Königin jeweils die Hälfte des abgeschwärmten Volkes zusammen mit dieser davonfliegen. So findet man auf Grund von Schwarmbildungen die im März noch stark bevölkerten Beuten unter Umständen quasi leer vor.

Gut zu wissen

Sind Königinnen und Beuten nummeriert, kann man die Entstehung der Schwarmakte genau verfolgen und schwarmfreudige Linien bestimmen.

Biologie der Biene

Der Schlupf einer Königin

Die Königin entsteht wie die Arbeiterin aus einem befruchteten Ei. In einer auf 9 mm im Durchmesser erweiterten und sich nach unten hin verlängernden Weiselzelle erhält die Königinnenlarve ausschließlich und überreichlich soviel Königinnenfuttersaft, dass sie darin schwimmt. Zudem wird sie besonders von ganz jungen Ammenbienen aufgesucht, deren Futtersaft hormonähnliche Stoffe enthält, die die Entwicklung der Eierstöcke fördern. Die zwei Eierstöcke münden über die Eileiter in die Scheide der Königin, in die ebenfalls der Samenblasengang von der Samenblase mündet, einer Art sehr stark mit Gefäßen durchzogenem und mit Sauerstoff angereichertem Vorratsbehälter, in dem in einer besonderen Flüssigkeit die dorthin gelangten Samenfäden gelagert werden.

Im Laufe der täglichen Hochzeitsflüge setzen die Drohnen in der Scheide der Königin Sperma ab, aus dem sich die Samenfäden auf den Weg zur Samenblase der Königin zu machen. Die Wanderung der Samenfäden ist eine kritische Phase, die viel Wärme benötigt. Individuenschwache Ableger in zu großem Beutenvolu-

Königin auf dem Brutnest.

men im Verhältnis zu ihrer Volksstärke bringen wenig fruchtbare Königinnen hervor. Dasselbe ist der Fall bei kalter Witterung. Im Verlauf der Begattung beherbergt die Königin ungefähr 7 Millionen Spermatozoen. Dieser Vorrat hält etwa zwei bis vier Jahre lang an. Beim Passieren des Eis durch die Scheide werden einige männliche Samenfäden aus der Samenblase mit etwas Samenflüssigkeit freigesetzt. Das Ei bleibt drei Tage lang in dieser Form auf dem Zellenboden stehen (daher wird es auch als „Stift" bezeichnet) und neigt sich dann langsam zu Boden. Weitere drei Tage später schlüpft die Larve, wobei sich ihre Schutzhülle auflöst. Nach dem gegenwärtigen Wissensstand ist der genaue Mechanismus, der die Befruchtung des Eis bestimmt, nicht hinreichend geklärt. Die Biene scheint darüber hinaus bis heute das einzige bekannte Insekt zu sein, bei dem die Larve auf diese Weise das Ei ersetzt. Dies erklärt, warum es kaum gelingt, zum Umlarven die allzu empfindlichen Eier zu entnehmen und warum man daher lieber die Umlarvung von Maden praktiziert.

Zuchtrahmen mit Weiselzellen.

Hygiene und Gesundheit des Bienenstandes

Die Varroabekämpfung

Vor dem Aufsetzen der Honigräume sollte man den Grad des Varroabefalls bei den Völkern kontrollieren und entsprechende Maßnahmen ergreifen. Hierbei ist folgendes zu berücksichtigen:

- Trachtvölker werden nur in den trachtlosen Monaten behandelt, damit der Honig nicht durch die Varroazide kontaminiert wird.
- Alle Natur- und Kunstschwärme sind unmittelbar nach ihrer Bildung zu behandeln.
- Übermäßig befallene Völker sind unverzüglich zu behandeln. Aus ihnen wird kein Honig geerntet.
- Trotz Behandlung übermäßig befallene Völker gegen Ende der Imkersaison sind zu vernichten.
- Varroazide müssen eine Marktzulassung haben oder vom Veterinär zur Verwendung durch den Imker freigegeben werden.

Umlarvung mit einem Schweizer Umlarvlöffel.

Aufrechterhaltung der aufsteigenden Entwicklung der Bienenvölker

Im Mai ist es wichtig, das Trachtangebot in der Umgebung des Bienenstandes zu kontrollieren. Die Blüte zu Monatsbeginn kann abrupt zum Stillstand kommen, was die sofortige Unterbrechung der Legetätigkeit der Königin zur Folge hat. Damit die Völker nach wie vor über zahlreiche Flugbienen für den Honigeintrag Ende Juni und im Juli verfügen, füttern Sie einmal pro Woche kleine Dosen einer Zuckerlösung im Verhältnis 50:50 ein, um den Sammeleifer aufrechtzuerhalten. Geben Sie nicht mehr als einen Liter pro Woche, damit kein „Zuckerhonig“ entsteht. Besser geeignet ist ohnehin Futterteig, der nur in Trachtlücken von den Bienen genommen und nicht in Honig umgearbeitet wird.

Arbeiten am Bienenstand

Schwarmverhinderung

In Wirklichkeit nimmt der Imker das Schwärmen vorweg, indem er Ableger und Kunstschwärme bildet, und zwar nach zwei Methoden:

Ableger

Die äußerst starken Ableger im Mai sind in der Lage, gleich vom ersten Jahr an Honig zu erzeugen. Der Ableger ist eine ausgezeichnete Methode zur Varroabekämpfung und zur Sanierung von Völkern, da diese zum Bau neuer Waben angeregt werden.

Zur Bildung eines Ablegers arbeitet man ausschließlich an starken Völkern mit aufkommender Schwarmstimmung. Je nach angestrebtem Zweck handelt es sich dabei um eine vollständige oder teilweise Umsiedlung. Nach Juni kann diese Methode nicht mehr angewendet werden, da sich die Bienen in absteigender Entwicklung befinden und ihr Bautrieb nicht mehr ausreicht, genügend Waben zum Anlegen ihrer Wintervorräte zu bauen. Mit dieser Methode erhält man sehr schöne neue Völker, frei von Brutkrankheiten und aufgezogen an neuen, sauberen Waben. Eine alte Königin wird gegen Ende der Saison umgeweiselt.

Schwarm an Eukalyptusbaum in Kambodscha.

Brutableger

Brutableger sind einfach zu bilden, jedoch anspruchsvoll in der Pflege. Sie erfordern konstante Kontrolle, da nur wenig Bienen- und Brutmaterial hierzu verwendet wird. Durch Brutableger ist eine Völkervermehrung leicht möglich. Gut geführte Ableger haben bis zum Herbst fünf Rahmen besetzt und wachsen zu einem einwinterungsfähigen Volk heran.

Eine Brutablegerbildung ist möglich, sofern man begattete Königinnen aus dem laufenden oder dem Vorjahr hat, für die man ein Gesundheitszeugnis besitzt und die gezeichnet sind. Zum jetzigen Zeitpunkt kann man auch Weiselzellen künstlich gezüchteter Königinnen oder auf natürliche Weise entstandene, verdeckelte Weiselzellen auf einem Brutrahmen verwenden. Diese starten langsamer, weil die Volksstärke während der Befruchtung und der Eilage der Königin abnimmt. Brutableger müssen, sobald alle Brut geschlüpft ist, mit Milch- oder Oxalsäure besprüht wer-

Durchsicht von Brutwaben.

den, denn es werden mit der Brut viele schlupfreife Varroamilben in ein letztendlich schwaches Volk übertragen.

MEINE EMPFEHLUNG: *Bilden Sie mindestens so viele Ableger, wie Sie Wirtschaftsvölker besitzen, um im Folgejahr über einen guten Bestand an Trachtvölkern zu verfügen.*

Mittelwände zusetzen

Völker auf neuen Mittelwänden erfreuen sich immer bester Gesundheit. Zu Monatsbeginn setzt man Mittelwände unmittelbar neben den Pollenwaben. Je nach Außentemperatur und Volksstärke verschieben Sie diese Mittelwände in der zweiten Monatshälfte und hängen eine Mittelwand mitten in das Brutnest ein. Zögern Sie nicht, eine in der Regel gefüllte Randhonigwabe zu entnehmen und sie vor Nagern und Wachsmotten geschützt aufzubewahren. Sie dient im September zur Anreicherung des Futters für Völker mit zu wenig Vorräten. Die Aufbewahrung bereits ausgebauter Waben erleichtert die Bildung von Brutablegern enorm.

Den zweiten Honigraum aufsetzen

Beim Aufsetzen des ersten Honigraums auf die Frühtrachten sollte man möglichst nur ausgebaute Waben verwenden. Wird danach nicht geschleudert, setzen Sie einen zweiten Honigraum auf. Bei diesem setzt man nur Mittelwände oder mindestens jeden zweiten Rahmen als Mittelwand ein – je nach Volksstärke und Honigeintrag. Der zweite Honigraum wird unter den ersten eingesetzt.

Viererboden für Dadant-Magazin.

Aufsetzen auf Warré-Beute mit Oberträgern

Bei schwacher Sammelleistung wird das Volk durch Einsetzen einer Zarge unter das Brutnest erweitert. Bei großer Sammelleistung wird eine weitere Zarge über das Brutnest aufgesetzt. Bis in einer Zarge keine Brut mehr vorhanden ist, und sie danach mit Honig aufgefüllt wird, und bis die Zarge darunter ausgebaut wird, um bestiftet werden zu können, vergeht in der Regel mehr Zeit als das Eintragen von Honig dauert. Da die Bienen den Nektar niemals unterhalb des Brutnestes einlagern, muss man unbedingt eine Zarge auf das Brutnest aufsetzen, damit diese ausgebaut und anschließend mit Honig gefüllt wird. In dem über dem Volk aufgesetzten Raum, und um zu vermeiden, dass die Bienen ihre Waben nicht von unten nach oben und kreuz und quer bauen, wird dieser Raum mit Oberträgern mit Anfangsstreifen und zusätzlich zwei ausgebauten Waben ausgestattet. Dadurch entsteht für die Bienen eine Sogwirkung nach oben. Sie werden so in den oberen Bereich geleitet, wo sie den Honig einlagern und danach auf den benachbarten Zellenstreifen bauen.

In vier Ableger unterteilter Warré-Kasten.

Sammelbrutableger

Im Mai werden durch Entnahme von zwei Brutwaben mit sämtlichen ansitzenden Bienen Brutableger gebildet. Ab dem 15. Juni muss man drei Brutwaben entnehmen, ab dem 1. Juli vier. Diese Waben kann man aus unterschiedlichen Beuten entnehmen. Achten Sie bei jeder Entnahme darauf, dass bei allen Bienen der Geruch neutralisiert wird, dass immer eine extra Honigwabe zugesetzt wird, und dass fortlaufend eingefüttert wird. Bei stetiger Fütterung erfolgt auf den zusätzlichen Rahmen Wabenbau. Bei unregelmäßiger Fütterung werden die zusätzlichen Waben ausgebaut.
Mit dieser Methode erhält man im September einwinterungsfähige Ableger auf fünf Honig- und Brutwaben.

Versetzen Sie diese Zarge ein Stück vom Brutraum, indem Sie einen etwa 10 mm dicken Keil unter eine der Stirnseiten schieben. Die Bienen verschließen den Großteil dieser Öffnung mit Propolis und lassen nur Raum für die Flugbienen. Bei der Honigentnahme kann man mit einem sehr langen Messer nur die Honigwaben von den Unterträgern abtragen.

Aufsetzen auf mit Holzrahmen ausgestattete Magazinbeuten
Diese Beuten werden vom Imker wahlweise wie Warré-Beuten mit Oberträgern oder wie Dadant-Beuten geführt.

Propolisgewinnung

Die Völker bringen nur wenig Propolis hervor, etwa in der Größenordnung von 300 g pro Jahr. Die Bienen dichten sämtliche Löcher mit Kittharz ab. Daher legt man oben auf die Waben sogenannte Propolisgitter (Plastikgitter mit Schlitzen, im Fachhandel erhältlich). Das volle Gitter wird entnommen und 24 Stunden lang tiefgefroren. Durch Verbiegen des Gitters fällt das hart gewordene Propolis ab. Propolis wird vor allem in alkoholischer Lösung verwendet. In tiefgefrorenem Zustand hat Propolis eine sehr krümelige Konsistenz. Wird es in diesem Zustand pulverisiert, lässt es sich leicht in unvergälltem, 70 %igen Alkohol auflösen.

Nicht vergessen

Die Teilung von Völkern, die in Magazinbeuten wohnen, ist je nach Region bis Ende Juni möglich. Dieses Vorgehen kann wirkungsvoll sein. Bedenken Sie aber, dass hierfür viele Bienen und große Honigeinträge bzw. eine fortlaufende Fütterung erforderlich sind, denn ab der Sommersonnenwende schrumpfen unsere Bienenvölker wieder in Richtung Winterstärke.

Tipp des Monats

Der Einsatz von Pestiziden ist um diese Jahreszeit an der Tagesordnung. Daher ist es wichtig, sich im Vorfeld mit den Landwirten auf einen Zeitplan zu verständigen, nach dem Sie sich richten können. Die – bei Obstbäumen übliche – Pestizidbehandlung von Pflanzen stellt die größte Gefahr für die Bienen dar. Das Verstellen der Beuten zum Zeitpunkt der Pestizidausbringung ist ein komplexes Unterfangen. Auch wenn es nur ein Notbehelf ist, kann man ganz einfach die Beuten am Vorabend der Pestizidausbringung schließen und sie am darauffolgenden Abend wieder öffnen. Sorgen Sie dabei für Gitterböden und belüftete Deckel. Bei erwiesenem Totenfall sammeln Sie schnellstmöglich die toten Bienen zum Versand an ein Speziallabor ein (wenden Sie sich an das Julius-Kühn-Institut in Braunschweig), um die Ursache für die Vergiftung herauszufinden. Die Zersetzung der toten Bienen geht sehr schnell vonstatten. Wenn man sich zuviel Zeit lässt, kann das Labor die Ursache nicht mehr feststellen.

Einen Ableger bilden

Die Ablegerbildung stellt eine gute Form der Schwarmvorbeugung dar. Richten Sie sorgfältig die benötigte Ausstattung her: einen Honig- oder Brutraum oder eine Zarge, jeweils mit Mittelwänden oder Oberträgern mit Wabenstück ausgestattet.

1

Setzen Sie auf das vorhandene Volk den Honig- bzw. Brutraum bzw. die Zarge auf. Setzen Sie danach das Dach umgekehrt so auf, dass es drei Viertel der Zargenfläche abdeckt und ein Viertel auf der Einflugseite offen bleibt.

2

Räuchern Sie solange sehr stark, bis der Rauch oben aus der freigelassenen Öffnung herauskommt. Nach 1 bis 2 Minuten starken Brausens klopfen Sie von unten nach oben an den Brutraum. In weniger als 5 Minuten befinden sich alle Bienen und die Königin in der oberen Zarge.

Begattungskästchen bilden

Für die Anbrüter verwendet man eine Bienenmasse auf dieselbe Art und Weise wie für die Ableger. Dabei wird ein Honigraum verwendet, aber nur ein Teil des Bienenvolkes. Um sicherzugehen, dass die Königin nicht dabei ist, legen Sie zwischen Brut- und Honigraum vorzugsweise ein Metallabsperrgitter, durch das die Arbeitsbienen ungehindert durchschlüpfen können. Sobald die Bienen im Honigraum sind, stoßen Sie sie in ein Blechdach ab und benetzen sie mit einem Wasserzerstäuber. Diejenigen Bienen, die in Massen davonfliegen, sind die für die Zucht unwichtigen Flugbienen. Die abgeschwärmten Bienen müssen nun auf die verschiedenen Ablegervölkchen zur Pflege der schlupfreifen Weiselzellen verteilt werden. Siehe auch unter Juni.

3

Setzen Sie diese Zarge vorsichtig auf einen Boden, den Sie innerhalb des Bienenstandes etwas abseits bereitgestellt haben, legen den Innendeckel und schließlich das Dach auf.

Fallen durch einen Stoß versehentlich alle oder ein Teil der Bienen auf den Boden, sammeln Sie sie wieder ein und versuchen Sie es erneut an einem anderen Tag.

Verschließen Sie die Mutterstation. Die Flugbienen werden sich um die Brut kümmern und aus den Larven eine Jungkönigin heranziehen.

4

Öffnen Sie etwa eine halbe Stunde später die Oberseite des Ablegers. Fliegen die Bienen in Massen auf, ist die Königin nicht darunter. Vereinigen Sie das Volk wieder und versuchen Sie es erneut an einem anderen Tag.

Verhalten sich die Bienen ruhig, dann ist die Königin bei ihnen und Ihr Unternehmen war erfolgreich. Verschließen Sie die Beute und halten Sie diesen Ableger zwei Nächte lang in Dunkelhaft. Anschließend können Sie dieses neue Volk in den Bienenstand zurückbringen und mit Varroastreifen behandeln. Füttern Sie das Volk nach Bedarf ein, aber nicht zu sehr (sonst laufen Sie Gefahr, dass die Legetätigkeit der Königin gehemmt wird), bis es vollständige Waben gebaut hat.

Königinnenaufzucht

Der Mai ist der ideale Monat zur Bildung eines Pflegevolkes.

Das Prinzip
In ein weiselloses Volk gibt man mit jüngsten Larven bestückte Weiselnäpfchen aus Kunststoff. Die Größe der Weiselzellen und die Weisellosigkeit führen dazu, dass die Bienen diese Larven als Königinnen aufziehen, indem sie diese gezielt mit Königinnenfuttersaft füttern.

Das Pflegevolk
Dies ist immer ein sehr starkes Volk in aufkommender Schwarmstimmung. In der Regel wurde dieses Volk genau zu diesem Zweck einen Monat lang eng gehalten, damit Schwarmstimmung entsteht. Eine Woche vor Zuchtbeginn sucht man die Königin (die man in weiser Voraussicht bereits zu Beginn der Saison gezeichnet hat).
Setzen Sie auf den Brutraum ein Metallabsperrgitter und darauf einen Honigraum mit Leerwaben auf, in dem die Königin untergebracht wird.
Schließen Sie die Beute und geben Sie etwas Zuckerlösung. Die Ammenbienen werden dann aufsteigen und sich um die Königin kümmern.
Eine Woche später ist die gesamte offene Brut im Brutraum verdeckelt (ohne dass dies jedoch zur Aufzucht weiterer Königinnen führt, da die vorhandene Königin in der oberen Zarge weiterhin ihre Pheromone abgibt).
Entfernen Sie nun den Honigraum mit dem Absperrgitter und setzen Sie das Ganze auf einen Boden in einigen Metern Entfernung ab. Füttern Sie das neue Völkchen regelmäßig.
Das nun weisellose Volk dient als „Anbrüter". Es ist bereit für die pflegereifen Weiselzellen. Da keine offene Brut mehr vorhanden ist, können die Ammenbienen nur noch die ihnen vorgesetzten Larven füttern. Ziehen Sie eine oder zwei Waben, um eine freie Wabengasse für die Zuchtrahmen zu schaffen. Kontrollieren Sie vorsichtshalber nochmals, dass sich keine Weiselzellen dort befinden, verschließen Sie die Beute wieder und warten Sie etwa 2 Stunden.
Nehmen Sie in dieser Zeit das Umlarven der Maden in Weiselnäpfe aus Kunststoff auf den Zuchtrahmen vor. Hängen Sie anschließend diese Zuchtrahmen in den Anbrüter. Der Anbrüter ist etwa drei Wochen lang einsatzbereit.
Nach diesem Zeitpunkt gibt es im Anbrüter keine Ammenbienen mehr. Folglich setzt man den Honigraum mit Königin wieder auf den weisellosen Brutraum auf. Die Vereinigung erfolgt mithilfe von zwei Lagen Zeitungspapier und Futtergabe, um Raufereien zu verhindern.

Der Zuchtrahmen und das Umlarven
Der Zuchtrahmen besteht aus zwei Reihen à zwölf mit Larven bestückten Weiselbechern. Es ist ein ganz normaler Rahmen, der so konstruiert ist, dass daran an Stopfen geklebte Weiselnäpfe aus Kunststoff befestigt werden können. Jeder Weiselnapf erhält eine einen Tag alte Larve, die aus dem Volk stammt, das auf Grund seiner Merkmale zur Zuchtauslese kommt: Gesundheit, gute Honigerträge und Sanftmut.

Das Umlarvverfahren
Zur Umbettung der Larven verwendet man einen Marderhaarpinsel der Größe Nr. 3, den man mit einer leichten Drehung unter jede Made führt. Der Pinsel muss zuvor in einer 60 %igen Alkohollösung desinfiziert und anschließend in klarem, sterilem Wasser gespült werden.
Im Futtersaft schwimmende Maden sind leicht umzularven. Je geringer dagegen der Honigeintrag durch die Bienen, desto größer der Mangel an Nektar und somit an Futtersaft und desto stärker haften die Maden in ihren Zellen an, was ihre Umlarvung erschwert. Daher auch die Bedeutung der Einfütterung

der Bienen einige Tage vor der Umlarvung.
Das Umlarvverfahren wird am besten an einem schattigen Ort abseits vom Bienenstand durchgeführt, vorzugsweise auf einer dunklen Wabe, von der sich die weißen Maden besser abheben. Sorgen Sie für gute Lichtverhältnisse, d. h. für kaltes Licht wie bei einer LED. Stirnlampen erfüllen diese Aufgabe sehr gut. Diese erhalten Sie im Fahrradfachhandel.
MEIN TIPP: *Sie sollten jedes Weiselnäpfchen mit sterilem Wasser oder Volvic®-Wasser, dem Tafelwasser mit dem niedrigsten Mineralstoffgehalt, anfeuchten, bevor Sie die Made hineinlegen. Profis feuchten die Weiselnäpfchen mit verdünntem Futtersaft an.*

Das Einhängen von Zuchtrahmen in das Pflegevolk
Nun hängt man diesen Zuchtrahmen mit den Maden in das weisellose Volk ein und füttert das Volk vier Tage lang ein (Zeitraum der Madenfütterung). Danach überlässt man die weitere Aufzucht dem Pflegevolk. Die Fütterung der weisellosen Bienen regt sie zur Wärmeabgabe für die Aufzuchtzellen an (für eine erfolgreiche Verpuppung ist eine Temperatur von 36 °C bis 37 °C erforderlich).

Schlupfreife Weiselzellen
Zehn Tage nach Umlarvung hängen schöne, von Bienen umgebene „Morcheln" (genauso sehen nämlich die Weiselzellen aus!) im Zuchtrahmen. Diese können Sie zur Bildung von Kunstschwärmen oder für Anbrüter verwenden.

Bildung eines Brutablegers

Dieses Verfahren führt mit wenig Aufwand und ohne größere Störungen der Bienen zum Erfolg. Hierzu muss das Stammvolk des Ablegers jedoch sehr individuenstark sein, viele Brutwaben aufweisen und seine Königin gezeichnet sein, damit das Volk nicht versehentlich weisellos wird.

1

Nehmen Sie zwei (möglichst gedeckelte) Brutwaben und eine Honigwabe.
Drängen Sie die Bienen nicht, räuchern Sie nur wenig, vermeiden Sie Erschütterungen der Waben (es sollten noch möglichst viele Bienen ansitzen). Setzen Sie die Waben in einen Ablegerkasten bzw. geteilten Brutraum ein.

2

Schütteln Sie bei Bedarf Bienen von einer oder zwei anderen Waben zu.
Benetzen Sie diese Waben gut mit Wasser, bevor Sie sie abschütteln, damit möglichst viele Bienen in den zu bildenden Ableger fallen. Hängen Sie abschließend Leerwaben ein. Achten Sie darauf, dass die Königin beim Restvolk (Stammvolk) verbleibt.

3

Hängen Sie zwischen die beiden Brutrahmen zwei schlupfreife Weiselzellen ein.
Oder setzen Sie (was noch wirksamer ist) eine Königin in Eilage in einem mit Futterteig verschlossenen Zusetzkäfig zu. Setzen Sie den Zusetzkäfig in eine Wabengasse. Der an einem 50 mm langen Rähmchendraht befestigte Zusetzkäfig hängt von der Oberleiste der Rahmen herab.

6 Juni

„Bienen, die vor Johanni schwärmen, die tun des Imkers Herz erwärmen."
Im Juni geht die große Obstbaumblüte zu Ende, aber die Blüte der Sträucher dauert bis in den August an. Nahezu alles reift heran. Von der Völkerentwicklung, die Ende Mai ihren Höhepunkt erreicht, hängt der Umfang der Honigeinträge ab. Die Aufzucht von Königinnen gelingt nicht mehr so einfach, jetzt beginnt die trachtarme Zeit. Den Bienen droht Hunger, obwohl am Flugloch eine rege Betriebsamkeit der Flugbienen herrscht.

Das Wetter im Juni

Als letzter Frühlingsmonat wartet der Juni für gewöhnlich mit schöner und warmer Witterung auf, bei Durchschnittstemperaturen von 15 bis 21 °C, je nach Tag und Region und bei Höchsttemperaturen von 25 °C bis 30 °C. Die Sonnenscheindauer nimmt den ganzen Monat über zu und erreicht ihren Höhepunkt um Johanni. Bald folgen die längsten Tage des Jahres. Die Natur und die Gärten feiern ein Fest. Am Bienenstand überschreitet das Brutgeschäft mit der Sommersonnenwende seinen Höhepunkt.

Trachtpflanzen

Je nach Standort kann der Juni entweder noch eine sehr ergiebige Nektarausbeute liefern oder aber auch den Bienen die erste Hungersnot bescheren. Auf sauren Böden sorgen die Edelkastanien für ergiebige Ernten am Monatsende. Etwas früher im Monat stehen die Linden in Blüte, manche sogar bis in den September hinein. Sie werden wegen ihres Honigtaus sehr geschätzt. Diese Trachtpflanzen benötigen dennoch reichlich Wasser im Boden. Es sind dies die einzigen Baumtrachten, alle anderen Trachten stammen von Sträuchern, Rankpflanzen oder Hülsenfrüchtlern: Lavendel, Klee, hellviolette Luzerne, Weigelie, Kornblume, Schneebeere, Hornklee, Kohl, Taubnessel, Sternmoos, Geißblatt, Senf, Blutweiderich, Knöterich, Wicke, Glockenblume, Brombeere, Liguster usw. Mit Ausnahme von Klee, Luzerne (sofern sie nicht vor der Blüte bereits abgemäht wurde) und Lavendel, die als Feldkulturen angebaut werden, ergibt keine der aufgeführten Pflanzen eine bestimmte Honigsorte.

Linde.

Blühender Klee.

Lavendel.

Jungfernrebe.

Unter den Einjährigen stehen im Juni auch Gemüsepflanzen (wie Kürbisse, Tomaten, usw.), Mohn und Gartenblumen in Blüte. Sie liefern jedoch unbedeutende Trachten.

Begehrte Nektarspender sind auch Gleditschie (als Hecke gepflanzt), Graue Heide und Glockenheide, *Cotoneaster lacteus*, Ackersenf, Echter Buchweizen bis in den September, Reseda bis in den Oktober, Gewöhnliche Seidenpflanze, Glockenblume, Echte Königskerze und Großblütige Königskerze, Alpenaster, Johanniskraut, Salbei, Thymian und Jungfernrebe. Letztere stehen bis in den September bzw. Oktober in Blüte.

Lebensbedürfnisse des Bienenvolkes

Ein Volk auf dem Höhepunkt seiner Entwicklung

Im Juni/Juli erreichen die Völker den Höhepunkt ihrer Entwicklung. Die Legetätigkeit der Königin folgt dem Lauf der Sonne am Himmel. Nach der Sommersonnenwende geht die Bruttätigkeit auf Grund des nachlassenden Nahrungsangebots zurück.

Es sind immer weniger Blüten vorhanden, da nun die Zeit der Obst- und Getreidereife gekommen ist. Im weiteren Jahreslauf nimmt die Sonnenscheindauer ab und damit auch der Nektareintrag. Da dem Volk weniger Futter zur Verfügung steht, erhält folglich auch die Königin weniger Futter, die darum auch weniger Eier legt.

Bienen auf dem Brutnest.

Kontrolle des Brutnests

Viele Bienen am Flugloch bedeuten nicht viel. Entscheidend ist, was im Brutnest geschieht. Es vergehen etwa 40 Tage, bis aus dem gelegten Ei eine Flugbiene wird. Flugbienen vom Monat Juni sind somit aus im April gelegten Eiern hervorgegangen. Die zum jetzigen Zeitpunkt gelegten Eier liefern die Flugbienen für den Monat August und so weiter. Zur Aufrechterhaltung einer guten Volksstärke im August ist daher ein Futtermangel im Juni zu vermeiden.

Bienen auf Pollen.

Biologie der Biene

Die Flugbienen gewinnen die Oberhand

Die Entwicklung der Völker folgt den Wechselfällen des Wetters und der Ernten. Bei günstigem Wetter und ergiebiger Ernte schränken die Bienen ihre Funktionen als Ammen- und Baubiene zugunsten ihrer Funktion als Flugbiene ein. Ein Arbeiterinnenleben dauert in der Regel sechs Wochen, davon etwa drei Wochen als Flugbiene. Diese Einteilung ist jedoch sehr theoretisch.

Wenn die Völker innerhalb einer Woche einen Honigraum füllen, dann beträgt die Lebensdauer der Flugbienen ebenfalls eine Woche. Auf Grund der zahlreichen und schnellen Flüge zwischen Bienenstock und Trachtquelle(n) werden die Flugbienen regelrecht verbraucht. Ihre Muskulatur verhärtet sich, bildet sich zurück und sie sterben vor Erschöpfung. Das führt dazu, dass Baubienen und Ammen schneller ihre Funktion als Flugbiene einnehmen. Diese Entwicklung macht sich schlagartig bei der Brutpflege bemerkbar.

Dauert es drei Wochen, bis ein Honigraum gefüllt ist, dann beträgt auch die Lebensdauer der Flugbienen drei Wochen. Ammen- und Baubienen üben ihre Funktion über einen längeren Zeitraum hinweg aus und die Brutpflege hält länger an.

Aus diesem Grund sind Trachtgebiete, die für regelmäßigen Honigeintrag sorgen, für eine gute Volksentwicklung von Vorteil. Bei solchen Völkern herrscht rege Bruttätigkeit, sie wird nicht durch übermäßigen Nektareintrag im gesamten Brutraum, also auch dort, wo die Königin ihre Eier legt, gefährdet.

Auch wenn der Imker auf die Honigerzeugung Wert legt, sollte er dennoch immer darauf achten, dass die Volksentwicklung Bienen in ausreichender Zahl hervorbringt.

Eingang zur Beute.

Biene mit Pollenhöschen.

Hygiene und Gesundheit des Bienenstandes

Varroakontrolle

Obwohl der Befallsdruck der Varroa für die Völker zu dieser Jahreszeit sehr hoch ist, werden die Maßnahmen zur Bekämpfung dieses Parasiten später durchgeführt, da noch Honigernten zu erwarten sind. Achten Sie dennoch darauf, ob auf manchen Waben Bienen mit völlig zernagten Flügeln festzustellen sind. Bei ihnen handelt es sich um Jungbienen, die von durch die Varroamilben eingeschleppten Krankheiten befallen sind. Diese Beobachtung gibt Anlass zur Sorge, denn sie bedeutet, dass ein massiver Befall vorliegt. In einem solchen Fall muss man schnellstmöglich die Honigernte durchführen und die Bienen mit Thymol behandeln. Wird dies unterlassen, steht das Überleben des Volkes im Winter auf dem Spiel.

> **Bestimmung der Volksstärke**
>
> Erwerbsimker messen die Stärke eines Volkes an dessen Sammelleistung von Pollen. Die Beutenböden bei Erwerbsimkern in den Regionen Frankreichs, in denen Zitrusfrüchte wachsen, sind mit Pollenfallen ausgestattet. Sie werden in der Regel von Mitte April bis Mitte Mai eingesetzt, den beiden intensivsten Blühperioden, jedoch nicht davor oder danach, um einen Eiweißmangel bei den Völkern zu vermeiden. Durch den täglichen oder wöchentlichen Vergleich des Polleneintrags der Bienen können sie so die Stärke der verschiedenen Völker bestimmen. Eine schnelle Methode, mit der vermieden wird, die Beute zur Messung der Brutfläche öffnen zu müssen.

Aufrechterhaltung der Volksstärke

Bei Trachtlosigkeit besteht die einzig mögliche Maßnahme zur Aufrechterhaltung der Volksstärke darin, den Bienen eine leichte Zuckerlösung zu geben.

Ein starkes Volk hat zwei große Vorteile. Die Flugbienen können weiterhin problemlos den Nektar sammeln, der für das reibungslose Funktionieren ihres Organismus und die Anregung der Eiablage der Königin unbedingt notwendig ist. Zudem sind sie in der Lage, den zur Bildung guter künftiger Völker notwendigen Pollen einzutragen. Ein starkes Volk befähigt die Bienen auch, schnell Zellen zu entsorgen sowie tote, mit Pilzen infizierte, kranke Puppen aus der Beute zu schaffen.

Die Volksstärke hängt somit gleichzeitig von der Anzahl der das Volk bildenden Individuen sowie von ihrem natürlichen Putztrieb ab. Dies ist je nach Zuchtlinie verschieden. Manche Züchter messen die Volksstärke mit einem Test, der es erlaubt, auf „putztriebige“ Völker zu selektieren, eine Eigenschaft, die besser vor Krankheiten schützt. Im einfachsten Fall gibt man sich damit zufrieden, die Volksstärke zu überwachen.

Vorsicht bei Pilzbefall

Im Juni häufig auftretende Erkrankungen sind die Mykosen (Kalkbrut, Steinbrut), die die Völker in ihrer Entwicklung beeinträchtigen. Die Waben sind übersät von toten Maden, die wie mit weißem Pulver überzogen aussehen, das in Wirklichkeit ein Pilz ist. Ein Mittel zur Bekämpfung gibt es nicht. Manchmal reicht eine Umweiselung aus, um die weitere Ausbreitung des Pilzbefalls zu verhindern. Zeigt sich trotz Umweiselung keine Besserung, ist es besser, die von Kalkbrut befallenen Völker samt Waben zu vernichten, denn die aus solchen Völkern hervorgehenden Nachkommen sind wiederum anfällig für die Kalkbrut. Von der Kalkbrut geht keine für den Menschen bekannte Gefahr aus. Befallene Völker erzeugen einfach keinen Honig mehr.

Arbeiten am Bienenstand

Fütterung der Völker

Ob Sie nun eine Honigernte bei den Wirtschaftsvölkern entnehmen konnten oder nicht, geben Sie den Völkern jede Woche maximal 1 Liter einer 30- bis 40 %igen Zuckerlösung bis zum Einsetzen der Kastanien- oder Sonnenblumentracht. Durch diese Zufütterung wird der äußerst wichtige Legerhythmus der Königin aufrecht erhalten. Füttern Sie nicht mehr als einen Liter pro Woche, um eine Vermischung mit dem Blütennektar zu vermeiden.

Wabenbau kontrollieren

Der Juni ist der letzte Monat, in dem Wabenbau möglich ist. Dabei ist wichtig, auf Wabenerneuerung zu achten. Dank der Volksstärke und der Außentemperatur kann man eine Mittelwand mitten in das Brutnest einhängen. Bei entsprechendem Honigeintrag wird sie innerhalb einer Woche ausgebaut und bestiftet.
MEIN TIPP: *Achten Sie darauf, dass pro Jahr zehn Waben gebaut werden, damit die Brutwaben des Brutraums möglichst alle drei Jahre erneuert werden können. Das ist die beste Krankheitsvorbeugung!*

Flache Schubkarre für Leerzargen!

Erweiterung – ja oder nein?

Am Abend formieren sich die Bienen zum „Bienenbart", d. h. sie drängen sich zu einem Haufen unter dem Beutenboden zusammen. Dabei schwärmt das Volk aber nicht aus.

Dieses Phänomen kann zweierlei Gründe haben:

- **Die Volksstärke ist zu groß**. Was tun? Das Volk mit einem Honigraum erweitern. Das kann trotz fehlenden Honigeintrags geschehen, da es gilt, das Schwärmen zu verhindern.
- **In der Beute ist es zu warm und der Boden ist nicht ausreichend belüftet**. Diesem Umstand hilft man ab, indem der Innendeckel durch ein Fliegengitter ersetzt wird. Setzen Sie obenauf nun einen Holzdeckel, der im Abstand von etwa 10–15 mm von der Plane beidseits mit einer Leiste und je einem Nagel am Holzdeckel befestigt wird. Diese Konstruktion gestattet eine leichte Belüftung.

Betreuung von Ablegern

Ältere Ableger

Ableger sollten stetig wachsen und an Bienenmasse zunehmen. Sobald die Königin in Eilage geht, sollten Sie das Brutgeschäft kontrollieren und bei Bedarf ausgebaute Waben einhängen. Gleichzeitig sollte das Volk die Legetätigkeit der Königin verstärken und allmählich seine Wintervorräte anhäufen. Lösen Sie den Ableger auf, wenn er sich nicht entwickelt.

Junge Ableger

Neu gebildete Ableger erfordern Ihre ganze Aufmerksamkeit. Ungewöhnliche Unruhe, Bienen, die kreuz und quer fliegen, die auf ungewöhnliche Art die Außenwand der Beute belagern oder die in bester Gesundheit die Beuten umkreisen: Das bedeutet vermutlich, dass die Königin nicht von einem ihrer Hochzeitsflüge zurückgekehrt ist. Daher muss man eine schlupfreife Weiselzelle oder eine Königin in Eilage in die Beute geben oder eine Vereinigung mit einem anderen Ableger durchführen.

Ein guter Kniff

Bruder Adam setzte unter die Bruträume eine leere Honigraumzarge. Die Bienen bauen darin selten Waben, der Honigraum sorgt für eine bessere Belüftung im Sommer und verhindert gleichzeitig, dass die durch offene Gitterböden eindringende Zugluft den Beginn des Brutgeschäfts während der Winterzeit drosselt.

Königinnenaufzucht

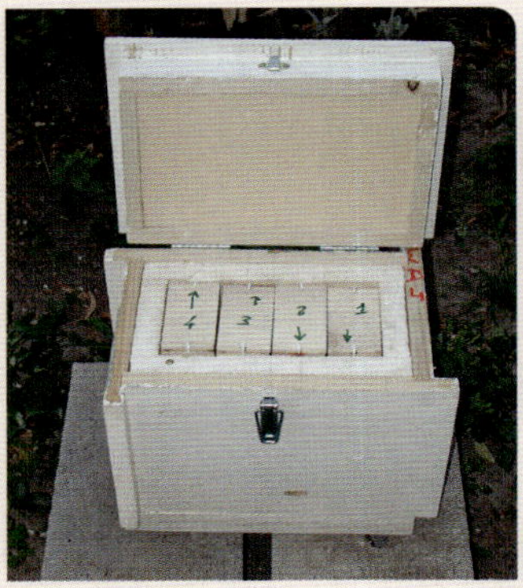

Bildung von Begattungsvölkchen
Begattungsvölkchen sind Kleinstvölker, die dazu dienen, eine junge Königin während der Begattung und Eiablage zu beherbergen. Es genügen bereits 150 g Bienen zur Bildung eines Ablegervölkchens, das sind etwa drei gehäufte Schöpfkellen an Bienen.
Erwerbsimker verwenden zumeist spezielle Ablegerkästen mit 6 Rähmchen von der Größe eines Dadant-Halbrähmchens, die anschließend mit Bienenmassen bevölkert werden. Bruder Adam verwendete aus 4 Dadant-Halbrähmchen gebildete Ableger. Es gibt sie auch aus Langstroth-Halbrähmchen. Bei der Warré-Beute kann man eine Zarge voll mit Brut auf 8 Rahmen auf einem Boden mit vier Zugängen verwenden, die man in zwei bzw. vier Fächer unterteilt.
Ein Begattungsvolk kann auch in Form eines kleinen Brutablegers gebildet werden. Dazu nimmt man ausgewählte Brutwaben aus den Bruträumen. Dabei sind auch alle ansitzenden Bienen mitzunehmen.
Es genügen zwei Brutwaben, denen man noch eine Honigwabe hinzufügt. Alle drei Waben werden in einen Ablegerkasten gehängt, den man anschließend auf einen Boden setzt. Dieses um zwei Mittelwände ergänzte Minivolk reicht aus, um über die ganze Saison Königinnen aufzuziehen.
Zwei Brutwaben, eine Honigwabe und zwei Mittelwände sind die Grundlage für jede Art von Ableger. Eine zusätzliche Futtergabe unterstützt die Entwicklung des Ablegers.
Sobald die Weiselzellen nach 11 Tagen ab Umlarvtermin schlupfreif sind, genügt es, sie zwischen zwei Brutrahmen zu setzen.
Die fallweise über einen Fütterer gefütterten Ableger werden anschließend in ein mindestens 3 km vom Stammvolk entferntes Pflegevolk eingesetzt.

MEIN TIPP: *Diese Form der Bildung von Begattungsvölkern ist die wohl einfachste. Sie setzt jedoch voraus, dass der Imker einige ausschließlich in Honigräumen geführte Völker besitzt, die zum Zeitpunkt der Wabenentnahme ohne offene Brut sind. Diese Völker sind speziell zu diesem Zweck vorgesehen.*
Die Ablegervölker werden außerhalb des Flugkreises ihrer Mutterstation aufgestellt, sonst würden die Flugbienen zurück in ihren alten Stock fliegen.
Legen Sie in Ablegerkästen aus Hartschaum eine Plastikfolie auf die Rahmen und danach auf das Dach. Die Bienen verkitten die Plastikfolie, aber nicht das Dach. Beim Öffnen der Beute beschädigt der Stockmeißel nicht die Ränder und die Kästchen halten länger.

Schlupf der Königinnen
Die Königinnen schlüpfen in der Regel innerhalb von 48 Stunden. Sie können dies überprüfen, indem Sie nachsehen, ob eine Weiselzelle am Ende schön offen ist, ein Zeichen für einen normalen Schlupf.
Befestigen Sie nun eine Reißzwecke in der entsprechenden Jahresfarbe am Ableger, die anzeigt, dass eine Königin geschlüpft ist. Etwa drei Wochen später werden Sie in den Rahmen offene Brutwaben vorfinden. Das bedeutet, dass die Königin in Eilage ist. Suchen Sie die Königin und zeichnen Sie sie mit der Jahresfarbe auf dem Rückenschild.

Nicht vergessen

Der Imker sollte sich immer am natürlichen Entwicklungszyklus der Völker orientieren. In der Natur werden die Wintervorräte bereits ab Frühjahr angelegt. In einem Werk über Landwirtschaft aus dem 19. Jahrhundert, *La Maison rustique*, ist nachzulesen, dass die Honigernte nach dem Schwärmen erfolgt. Der Lohn des Winters wird eingefahren, ebensowie etwas Honig zu Frühjahrsbeginn. Danach hat das Volk jede Freiheit, wieder neue Vorräte anzulegen. Zur damaligen Zeit wussten die Imker nicht, wie sie große Mengen an Zucker füttern sollten und folgten ganz einfach dem Lebenszyklus der Völker. Heutzutage führt eine Völkerführung nach natürlichem Vorbild dazu, dass die Völker widerstandsfähiger sind und dass Umgebungseinflüsse, die für Insekten im allgemeinen und für Bienen im besonderen schädlich sind, eingeschränkt werden können.

Tipp des Monats

Radialschleuder.

Die Imkerei, in der die Honigernte verarbeitet wird, sollte trocken, sauber und für Haustiere unzugänglich sein. Vor dem Schleudern sollte jedes Mal gut gereinigt werden. Während des Schleuderns ist das Rauchen verboten und es sollte nicht mit Haushaltsgegenständen hantiert bzw. diese nicht offen gelassen werden. Die Gerätschaften zur Honiggewinnung (Messer, Entdeckelungswanne, Schleuder) sind vor Gebrauch gründlich zu reinigen. Verwenden Sie bei der Honigabfüllung als Aufbewahrungsbehälter nur lebensmittelgerechte, einwandfreie Behälter. Behälter mit Spannbügeln und Dichtungsring sind Behältern mit Schnappverschluss vorzuziehen, weil sie besser abdichten.

Bildung von Minikunstschwärmen

Das Verfahren ist dasselbe wie beim Ableger. Da die Imkersaison jedoch bereits weiter fortgeschritten ist, dient das Schröpfen nicht mehr der Schwarmbildung, sondern der Bildung kleiner Völkchen, auch Begattungsvölkchen genannt.

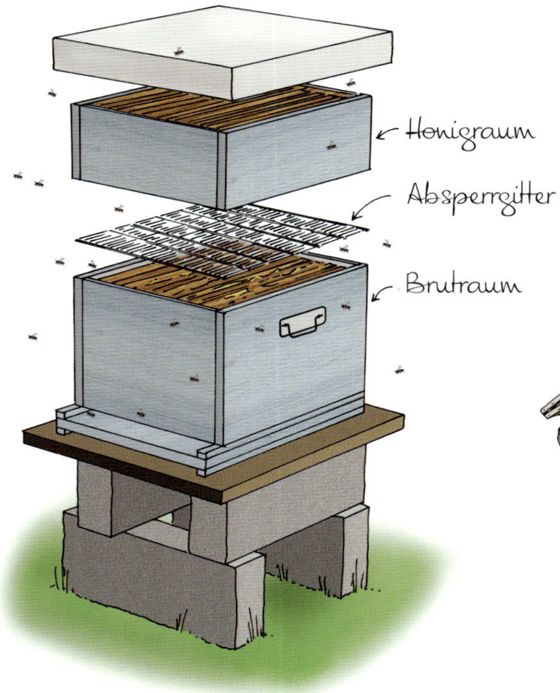

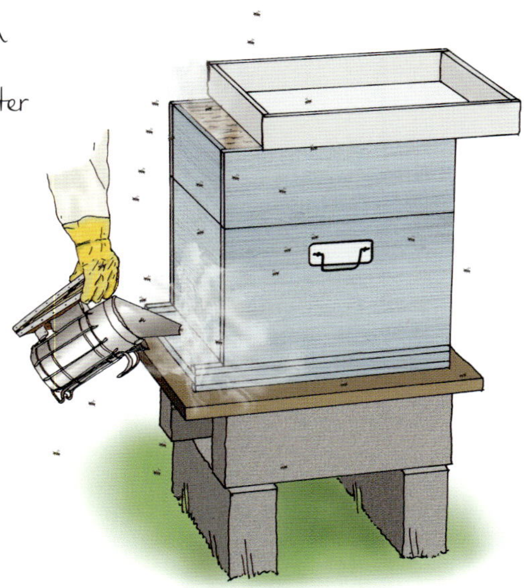

1

Setzen Sie zwischen Brutraum und Honigraum ein Absperrgitter ein
(dabei muss man sichergehen, nicht die Königin mitzunehmen), vorzugsweise ein Metallgitter, das den Bienen ungehinderten Durchschlupf ermöglicht.

2

Setzen Sie das Dach umgekehrt auf
und lassen Sie höchstens einen 10 cm breiten Spalt auf der Fluglochseite offen. Räuchern Sie am Eingang solange, bis der Rauch oben aus der Beute herauskommt. Innerhalb weniger Minuten fangen die Bienen zu brausen an. Dieses Brausen ist typisch für ein unter Anspannung stehendes Bienenvolk.

MEIN TIPP: *Dieses begrenzte Schröpfen (während bei einem Ableger möglichst viele Bienen mit der Königin mitgehen) darf nur an sehr starken Völkern mit hoher Bienenzahl vorgenommen werden. Zur Bildung von Begattungsvölkchen braucht man ein Absperrgitter, einen mit ausgebauten Waben versehenen Honigraum und ein Dach.*

3

Klopfen Sie mit einem Stock oder einem Stockmeißel fest gegen den unteren Teil der Beute.
Klopfen Sie von unten nach oben gegen die Beutenwände. Achten Sie darauf, dass Sie nicht zuviele der aufsteigenden Bienen entnehmen. Der Aufstieg der Bienen kann sehr schnell gehen, denn je zahlreicher das Volk, umso schneller steigt es auf.

4

Sind die Bienen in den Honigraum aufgestiegen, schütteln Sie sie in ein Blechdach ab und benetzen sie mit Wasser.
Massenhaft abfliegende Bienen sind Flugbienen, die für die Zucht nicht von Bedeutung sind. Die abgeschwärmten Bienen werden auf verschiedene Begattungskästchen verteilt, in die schlupfreife Weiselzellen oder frisch geschlüpften Königinnen zur Aufzucht gegeben werden.

Den Code entziffern können

Imker verwenden untereinander einen Code, um die mit der Königin verbundenen Ereignisse anzuzeigen. Hierfür verwenden sie farbige Reißzwecken, deren Farbe je nach Jahr anders ist. Diese Reißzwecke wird am Ablegerkasten oder an der Beute an unterschiedlichen Stellen angeheftet:
- Unten links: weiselloses Volk
- Unten Mitte: vorhandene Weiselzelle
- Unten rechts: Schlupf einer Königin
- Mitte rechts (auf der Längsseite): Königin in Eilage
- Oben Mitte: gezeichnete Königin

Die Farbe der Reißzwecke entspricht der Farbe der Königin und zeigt ihr Schlupfjahr an.

7 Juli

„So golden die Sonne im Juli strahlt, so golden sich der Weizen malt."

Der Juli ist der Monat der letzten Honigernte und der Varroazidbehandlung im Sommer. Er ist gekennzeichnet durch sehr warme Witterung, geringe Niederschläge und ein abnehmendes Trachtangebot. Die Bienen sind durstig und gezwungen, ihre Vorräte anzugreifen. Für den Imker ist der Juli nach wie vor sehr arbeitsintensiv, denn von ihm hängt teilweise der weitere Verlauf der Saison ab.

Das Wetter im Juli

Im Juli herrscht schönes und warmes Wetter mit häufigen Höchsttemperaturen von über 30 °C (besonders im Süden Frankreichs) und zumeist geringen Niederschlagsmengen. Je nach Region sind unter Umständen Dürreperioden zu befürchten. Die Pflanzen lechzen nach Wasser, das Nektarangebot nimmt ab, der Hunger führt dazu, dass die Bienenvölker ihre Vorräte angreifen. In manchen Jahren machen starke Regenfälle aus Sonnenblumen Nektarspender.

Trachtpflanzen

Mit Ausnahme von Sonnenblumenanbaugebieten gibt es im Juli kaum noch große Trachten. Es beginnt die Zeit der Obstreife, die sich bis zum Herbst hinzieht. Die Bienen entdecken neue Trachtpflanzen als Futterspender, deren Nektar jedoch nicht ausreicht, um Wintervorräte anzulegen. Hat die Linde im Juni nicht geblüht, liefert sie nur wenig Nektar und das auch nur für ganz kurze Zeit (knapp eine Woche lang). Manche Arten liefern gar keinen Nektar. Waldlindenblütenhonig hat ein besonders ausgeprägtes Aroma. Der großflächige Anbau der Sonnenblume zu Nutzzwecken erwies sich als regelrechte Offenbarung für die Bienenvölker. Dieser außerordentlich ergiebige Nektarlieferant brachte mehrere hundert Kilo Honig pro Hektar und war daher lange eine der wichtigsten Honigquellen überhaupt. Heutzutage findet der Anbau von Sonnenblumen nicht mehr im gleichen Umfang statt. Die in Europa und Kleinasien auf sauren, gut durchlässigen Böden und an sonnigen Standorten wachsende Besen-

Sonnenblumen und Pflanzenschutzmittel

Bei den modernen Imkern sind mit systemischen Pestiziden behandelte Sonnenblumen gefürchtet. Neben dem Nektar enthält ihr Pollen Spuren dieser Pestizide, die schädlich für die Bienenbrut sind und in der Folge die Bienenvölker dauerhaft schwächen.

Lavendel.

Heidekraut.

Phazelia.

heide und Erika sind typische Pflanzen von Heide-, Moor- und Pinienwald-Landschaften.

Der in der Garrigue, der mediterranen Strauchheide, auf kalkhaltigen Böden relativ häufig vorkommende Gelbe Blasenstrauch ist ein Strauch, den man vor allem in der Hügelstufe, aber auch im Gebirge bis zu 1500 Metern vorfindet. Im übrigen Westeuropa ist er seltener zu finden und in Frankreich ist er an den Sonnenhängen im Osten, des Zentralmassivs und in der französischen Region Centre anzutreffen.

In den südfranzösischen Regionen sind die Lavandelfelder bei den Imkern besonders begehrt. Die Lavandelernten sind selten außergewöhnlich, im Schnitt gerade mal ein Honigraum, aber dieser Honig wird sehr geschätzt.

Die Phazelia verändert die Bodenbeschaffenheit durch Aufnahme von Stickstoff. Bei hoher Luftfeuchtigkeit ist sie ein sehr ergiebiger Nektarlieferant.

Weitere Trachtpflanzen im Juli sind der Bleibusch oder Scheinindigo, die wegen ihres Nektargehalts begehrte Kaffeezichorie bis in den September, Steinklee, Klette, Kleine Braunelle und Wiesenflockenblume bis in den September, ferner Stockrose, Rudbeckie, Salzblume, Sonnenblume. Kugeldistel, Weidenröschen sowie die einjährige Zieste bis in den Oktober.

Lebensbedürfnisse des Bienenvolkes

Sterzelnde Bienen.

Im Bienenvolk gibt es einen Umschwung. Der Nektarfluss lässt nach. Die Schwarmzeit ist vorüber. Das führt dazu, dass viele Völker ihre Drohnen aus der Beute verjagen. Da diese nicht in der Lage sind, sich selbst zu ernähren, verhungern sie. Die nicht aggressiven, stachellosen Drohnen sind vollständig der Willkür der Bienen ausgeliefert.

Biologie der Biene

Wärmeregulierung

Zu dieser Jahreszeit ist die Temperatur innerhalb des Bienenstocks relativ gleichbleibend, da sie von den Bienen konstant reguliert wird.

Für die Entwicklung der Brut ist eine Mindesttemperatur von 35 °C bis 37 °C notwendig. Bei einer höheren Temperatur würden die Puppen absterben.

Die Bienen verfügen über unterschiedliche Methoden der Wärmeregulierung:

- **Wärmeerzeugung**. Da der Körper der Bienen keine Nahrungsreserven speichern kann, fressen sie ständig Honig, um die für sie überlebensnotwendige Körpertemperatur erzeugen zu können. Sie erreichen dies durch Muskelzittern, das zur raschen Erwärmung der Muskulatur führt. Auf Höhe des Thorax erreicht das Rückenschild auf diese Weise eine Temperatur von 40 °C.
- **Abkühlung der Beute**. Steigt die Temperatur innerhalb der Beute zu stark an, entfernen sich die Bienen voneinander und die Flugbienen gehen auf die Suche nach Wasser, das sie auf den Oberleisten der Rahmen verteilen. Anschließend fächeln sie mit den Flügeln, sodass das Wasser verdunstet und dadurch die Temperatur in der Beute abfällt.
- **„Bienenbart“**. Bei starker Hitze und hoher Volksstärke bilden die Bienen eine Traube unter dem Eingang zur Beute. Man sagt, sie formieren sich zu einem „Bienenbart“. Sie meiden die zu starke Hitze in der Beute und tragen auf diese Weise dazu bei, deren Temperatur zu senken, indem sie draußen bleiben.
- **Wintertraube**. Wenn der erste Frost einsetzt (im Herbst und dann im Winter), halten sich die Bienen warm, indem sie sich auf den Honigwaben eng aneinanderdrücken und eine Kugel formen, die „Traube“, in deren Mitte sie unaufhörlich Honig

Schwestern und Halbschwestern

Da die Königin Spermien von verschiedenen Drohnen aufgenommen hat, sind alle weiblichen Bienen untereinander als Schwestern bzw. Halbschwestern verwandt. Manche Autoren führen Sanftmut oder Aggressivität von Völkern auf die mehr oder weniger große genetische Nähe der Bienen untereinander zurück. Je höher der Grad der Blutsverwandtschaft, desto enger die genetische Verwandtschaft der Halbschwestern und desto größer die Sanftmut des Volkes. Dieser Auffassung sind jedenfalls die Befürworter der so genannten „Reinzucht“.

fressen. Dadurch können sie im Stock zwar die gleichbleibende lebensnotwendige Temperatur halten, sich jedoch praktisch nicht mehr um die Brut kümmern.

Hygiene und Gesundheit des Bienenstandes

Wachsmottenbefall einer Wabe.

Wachsmotten

Es gibt zwei Arten dieser Schädlinge, die Große Wachsmotte und die Kleine Wachsmotte, die von den Imkern unterschiedslos „Wachsmotte" genannt werden.

Die Wachsmotte ist ein grauer Falter, der überall seine Eier legt: außerhalb der Beute, in allen Ritzen, aber auch im Innern des Bienenstocks, wenn er Zugang findet. Sobald die Tausende von gelegten Eiern geschlüpft sind, versuchen die winzigen Larven durch die Ritzen in die Beute einzudringen, um die Waben zu besiedeln. Dort finden sie alte Hüllen geschlüpfter Bienen oder Pollenreste vor, und von diesen ernähren sie sich.

Man findet die Wachsmottenlarven im Gemüll der Böden und unter den Auflagen der Waben bei den Ohren ebensowie in bestimmten Zellen, was die Entwicklung der Maden beeinträchtigt und ihre Verdeckelung stört.

Für ihre Entwicklung braucht die Wachsmotte Eiweiß, das sie im Pollen und in den von den geschlüpften Bienen hinterlassenen Rückständen vorfindet. Sie legt Fraßgänge in den Waben an und schützt sich, indem sie sich mit einem Gespinsttunnel aus Seide umgibt. Die Waben werden Stück für Stück zerstört.

In der Regel verjagen die Bienen die Wachsmotten spontan. Bei einem gesunden Volk wird kaum ein Schaden angerichtet. Schwache Völker dagegen können durch die Wachsmotte vollständig zerstört werden.

Dank der Umgebungstemperatur kann sich die Larve der Wachsmotte geschützt vor den Bienen und vor Luftzug in allen Waben ausbreiten. Weiße Gespinstfäden und kleine schwarze Punkte (ihre Ausscheidungen) sind deutliche Anzeichen ihrer Anwesenheit.

Erste Varroabehandlung

Die erste Behandlung gegen die Varroamilbe findet nach erfolgter Ernte statt. Sie hat zum Ziel, die Ausbreitung dieses Parasiten einzudämmen und zu verhindern, dass ein massiver Befall das Volk nicht auf einen Schlag auslöscht. Am wirkungsvollsten ist jedoch die Behandlung im Herbst.

Arbeiten am Bienenstand

Die Honigernte

Geerntet wird, sobald die Honigräume gefüllt und die Waben mindestens zu drei Vierteln verdeckelt sind. Für den Hobbyimker ist die Honigernte ein Fest, das man gerne mit Freunden feiert. Daher ist es wichtig, sich vor Stichen zu schützen, die ein schlechtes Andenken hinterlassen. Am besten gelingt die Honigernte, wenn sich dabei möglichst wenig Bienen im Honigraum befinden und das Bienenvolk nicht in Aufruhr versetzt wird. Was der Imker als „Ernte" ansieht, wird von den Bienen hingegen als „Verlust" angesehen. Die Tracht wird ihnen weggenommen und sie versuchen, dies mit allen Mitteln zu verhindern!

Entdeckelung von Honigwaben.

MEIN TIPP: *Ernten Sie an einem schönen, warmen Tag, an dem hoher Luftdruck herrscht und an dem die letzte Tracht noch nicht vollständig eingebracht wurde. So befinden sich die meisten Flugbienen draußen in freier Natur und das Volk ist nicht so angriffslustig.*

Die Imkerei und Ausrüstung für die Ernte

Bevor die frischen Honigwaben aus dem Bienenstand kommen, muss der Schleuderraum vorbereitet sein. Die beste Wahl ist ein sauberer, heller, geschlossener und damit bienendichter Raum. Der Boden sollte abwaschbar und mit Zeitungspapier oder Kartonagen ausgelegt sein. Die Honigschleuder kann eventuell vom Imkerverein oder bei einem anderen Imker gemietet werden. Möchte man jedoch den Honig eines Bienenstands mit über zehn Beuten schleudern, ist eine Honigschleuder mit Motorantrieb eine gute Investition, es sei denn, man hat so viele Freunde, die die Handkurbel betätigen können, dass der Imker nur noch zuzusehen braucht!

Das wirksamste Werkzeug zur Entdeckelung der Waben ist ein gezahntes und an der Spitze gekrümmtes Entdeckelungsmesser. Des Weiteren benötigt man eine Entdeckelungswanne, auf die die zu entdeckelnde Wabe gestellt wird und in der das Wachs der Deckel (auch „Entdeckelungswachs" genannt) aufgefangen wird. Nützlich ist eine Halterung, auf der die Rähmchen abgestellt werden können, bevor sie in die Honigschleuder kommen. Eine gute Investition ist ein komplettes Entdeckelungsset. Es besteht aus einem Behälter mit Ablaufhahn und einem Fassungsvermögen von 25 kg Honig zum Auffangen des Honigs und einer Gitterwanne, in der das Entdeckelungswachs und der durch das Entdeckeln der Waben abtropfende Honig gesammelt wird (siehe S. 95, Abb. oben). Über der Wanne ist ein einfaches Gestell, auf dem die Rähmchen während des Entdeckelns abgestützt werden können (siehe Abb. oben).

Die richtige Ausrüstung

Zur richtigen Honiggewinnung gehört die richtige Ausrüstung, die man parat haben sollte: Honigschleuder, Entdeckelungsmesser, Entdeckelungswanne, Klärbehälter, Filter, Abfüllgefäße. Zum Abnehmen der Honigräume werden Smoker, Stockmeißel und ein Abkehrbesen benötigt. Alle Ausrüstungsgegenstände sollten vor Arbeitsbeginn auf ihre Funktionsfähigkeit kontrolliert werden.

Parasitenbefall vermeiden

Zur Vermeidung von durch Motten und andere Parasiten verursachten Schäden gibt es drei Möglichkeiten:

- **Erstens**: Die aufeinandergestapelten Zargen mithilfe von zwei auf und unter den Stapel gelegten ebenen Platten (Presshol-, Sperrholz-, Isolierplatte) bienendicht machen. Dazu eine Leerzarge oben auf den „Stapelturm" aufsetzen, in der Sie ein Stück Schwefelfaden in einer im Imkereifachhandel erhältlichen Schwefeldose abbrennen. Das Schwefeldioxid desinfiziert die Waben und zerstört die Wachsmotten.

GUT ZU WISSEN: *In Weinanbaugebieten gibt es das SO_2 in einfach zu benutzenden Gasflaschen. Zwei bis drei Sekunden Gaszufuhr in den Stapel genügen für einen Monat. Diese Vorgehensweise jeden Monat bis Oktober wiederholen.*

- *Zweitens: Die aufeinandergestapelten Zargen auf ein Gestell an einen belüfteten Standort stellen, sodass die Wachsmotten durch den entstehenden Luftzug aufgescheucht werden.*
- **Drittens**: Jede Wabe wird beidseits mit einer das Bakterium *Bacillus thuringiensis* enthaltenden Wasserlösung besprüht. Dieses Bakterium tötet die Mottenlarven ab. Eine Anwendung pro Jahr genügt. Die im Imkereifachhandel erhältlichen Produkte B401 bzw. Mellonex sind sowohl für den Menschen wie für die Bienen ungefährlich.

Nach dem Schleudern wird der Honig in einen Klärbehälter gegeben, ein lebensmittelechtes Fass mit Ablaufhahn, um den Honig nach seiner Klärung abzufüllen. Das Fass sollte an einem Ort aufgestellt werden, wo es mindestens eine Woche oder länger stehen bleiben kann und wo die Abfüllung einfach von statten geht.

Oben am Klärbehälter befestigt man mit einem Spanngurt ein Stück Siebtuch aus Nylon, das sich gut zum Filtern des Honigs eignet und den Großteil der Wachsrückstände zurückhält. Die Filterfläche sollte möglichst groß sein, um den Filter nicht ständig spülen zu müssen, um Verstopfungen zu entfernen.

Der Klärvorgang dauert mindestens eine Woche, mit Ausnahme von Rapshonig, der bereits nach drei Tagen abgefüllt wird. Durch den Klärvorgang erhält man Honig von hohem Reinheitsgrad, da die Rückstände (von Wachs und Holz) sowie die Luftblasen an die Oberfläche steigen und eine dünne Schaumschicht auf dem Honig bilden. Diese Schicht wird möglichst vollständig abgeschöpft, um die Qualität des reinen Honigs noch zu erhöhen.

Am Bienenstand

Um die Bienen nicht unnötig in Unruhe zu versetzen und um Angriffe zu vermeiden, gehen Sie in zwei Schritten vor:

Tag vor der Ernte: Einsetzen einer Bienenflucht. Alle im Handel erhältlichen Modelle sind geeignet. Das Prinzip der Bienenflucht besteht darin, zwischen Brut- und Honigraum einen von der Bienenflucht zum Honigraum hin geöffneten und zum Brutraum hin verengten Zwischenboden einzulegen. Die Bienenflucht ist eine Art Schleuse bzw. flacher Trichter, der es den Bienen leicht macht, vom Honigraum nach unten in den Brutraum zu gelangen, aber ihre Rückkehr von unten erschwert.

Damit die Bienen leicht durchlaufen, sollte der Zwischenboden mit der Bienenflucht nicht direkt auf den Oberträgern aufliegen. Da die Bienen ständig zwischen Brut- und Honigraum passieren, werden sie an der Rückkehr in den Honigraum gehindert und so leert sich der Honigraum sehr schnell.

ACHTUNG! *Die Bienenflucht funktioniert höchstens 24 Stunden lang, da die Bienen nach diesem Zeitraum den Rückweg in den Honigraum finden.*

Wie gehen wir also vor? Räuchern Sie die Beute schnell ein, damit die Waben nicht den Rauchgeruch annehmen. Nehmen Sie dann den Honigraum ab und setzen Sie den Zwischenboden ein. Zu zweit geht es am schnellsten, man muss nur den Honigraum auf einer Seite etwas anheben, die Bienenflucht so weit wie möglich einschieben und dann den Honigraum auf den Zwischenboden kippen. Achten Sie darauf, die Beute bienendicht zu schließen, ansonsten ist Räuberei vorprogrammiert!

Erntetag: Nehmen Sie den Honigraum ab. In der Regel halten sich wenige Bienen im Honigraum auf, vor allem, wenn die Waben gut verdeckelt sind.

Setzen Sie den Honigraum auf den Brutraum. Die Drohnen verlassen schnell den Honigraum. Mit ein paar Rauchstößen und ein Besenstrichen mit dem Abkehrbesen werden auch die letzten Bienen entfernt.

Erscheint Ihnen die ganze Prozedur etwas langwierig, können Sie jede Wabe einzeln ziehen, sie abkehren und anschließend in eine Leerzarge einhängen. Setzen Sie dann den Honigraum auf ein umgedrehtes Dach und legen Sie obenauf ein beschwertes Dach, damit die Bienen die Waben nicht schnell wieder belagern. Die Bienenfluchten werden etwas später, nach dem Schleudern, entfernt.

Entdeckelungswanne, Honigschleuder, Klärbehälter.

Das Schleudern

Das Entdeckeln der Waben ist einfach, wenn die Wabe den Holzrahmen überlappt, aber schwieriger, wenn der Wabenbau nach innen gewölbt ist. In einem solchen Fall arbeiten Sie mit dem gekrümmten Teil des Messers oder mit einer Entdeckelungsgabel. Stellen Sie die Rahmen in die Schleuder und lassen Sie sie langsam, aber lange schleudern. So vermeiden Sie Wabenbruch.

Entdeckelung mit dem Messer.

MEIN TIPP: *Für die meisten Honigsorten ist die Radialschleuder am besten geeignet, sie kann viele Rahmen aufnehmen. Bei zähflüssigen Honigsorten scheint die Tangentialschleuder die bessere Wahl. Eine Selbstwendeschleuder ist äußerst komfortabel, da man die Waben zum Schleudern jeder Wabenseite nicht von Hand umdrehen muss.*

Auslecken der Honigräume

Bevor sie aufgeräumt werden, sollten die von Honig klebrigen Honigräume von den Bienen „ausgeleckt“ werden. Entweder setzen Sie jeweils zwei oder drei Honigräume 24 Stunden lang auf die Beuten – auf diese Weise reinigen die Bienen diese spontan. In Deutschland ist es nicht erlaubt, die Honigräume im Freien auslecken zu lassen. Sie können aber je zwei Zargen auf ein Bienenvolk stellen. Dazu legen Sie eine Folie auf die oberste Zarge des Volkes und lassen am Rand einen 2 cm breiten Schlitz frei.

Entdeckelungsgabel.

Die richtige Dosierung macht's

Der zum Anlegen von Futtervorräten verwendete Futtersirup besteht aus einer Mischung von 2 kg Zucker auf 1 Liter Wasser. Fertigsirup auf Basis von invertierter Weizenstärke ist noch konzentrierter. Diese geruchlosen Isomere werden mit etwas Honig versetzt, um die Bienen anzulocken. Um das Risiko einer Nosemose zu verringern, kann man einen Sud aus in 70 %igem Alkohol gesättigtem Propolis im Verhältnis von 2 cm^3 pro Liter Sirup hinzufügen. Um gute Winterbienen zu erhalten, ist es ratsam, möglichst mit Proteinen versetzten Sirup zu verwenden. Zu hochkonzentrierter Sirup muss verdünnt werden, damit die Bienen nicht festkleben und man sie nicht tot in den Futtergeschirren auffindet.

Durch diesen krabbeln die Bienen, um an die Honigreste in den geschleuderten Waben zu gelangen. So lecken Sie die Waben leer und tragen den Honig brutnah um.

Honigvorräte für den Winter anlegen

Im Juli beginnen bereits die Vorbereitungen für die Einwinterung: hierzu müssen die Völker kräftig, sehr gesund sein und über reichlich Vorräte verfügen. Denn genau jetzt wird den Völkern ein Gutteil ihrer Honigvorräte durch die Honigernte entzogen. Daher muss man die Völker nach der Ernte zügig füttern und so mit den für den Winter wichtigen Vorräten versorgen.

Trachtlückenfütterung der Völker

Bei der Einfütterung muss man unter Umständen bis zu 15 Liter konzentrierten Sirup pro Volk füttern. Diese Einfütterung hemmt vorübergehend die Legetätigkeit der Königin. Jedoch verwandeln die Bienen den Sirup rasch in Honig und machen den Raum frei für die Eiablage der Königin. Ein durch eine solche fortlaufende Einfütterung von Zucker gut genährtes Volk steigert den Legerhythmus der Königin. So kann sich das Volk zu einem Zeitpunkt entwickeln, zu dem die Umgebungstrachten für die aufsteigende Entwicklung der Bienenvölker nicht mehr ausreichen.

Nach einer solchen Einfütterung müsste die Beute, wenn man sie hinten anhebt, ein Gewicht von 30 bis 40 kg haben. Davon gehen 20 kg auf das Konto des Futters aus Sirup sowie aus nicht geschleuderten Futterkränzen. Somit sind die Wintervorräte für das Volk gesichert.

Honigwaben mit einem Bienenbläser von Bienen freiblasen.

Varroabekämpfung

Im Juli findet die erste Behandlung mit Varroaziden statt. Dabei kann mit Thymol gearbeitet werden, entweder mit speziellen Produkten aus der Apotheke, von den Veterinären, aus dem Imkereifachhandel oder aber mit Unterstützung des Veterinärs selbst hergestellten Thymolplättchen. Die Behandlung dauert einen Monat. Dabei wird ein in zwei Stücke geteiltes Thymolplättchen oder eine Schale mit Thymolgel auf die Wabenoberträger gelegt. Ein zweites Plättchen wird zwei Wochen später aufgelegt. Diese Behandlung wirkt bei Temperaturen zwischen 20 °C und 30 °C. Bei Temperaturen über 30 °C muss man die Behandlung aussetzen, da die reichlich ausströmenden Dämpfe schädlich sind.

GUT ZU WISSEN: *Der Geruch des Thymol führt häufig dazu, dass die Bienen aus der Beute flüchten und sich davor zum so genannten Bienenbart formieren. Bei Temperaturen unter 20 °C verdunstet das Thymol nicht richtig und die Behandlung bleibt wirkungslos.*

Aufladen von vollen Honigzargen.

Nicht vergessen

Gut erhaltene, brutfreie Honigwaben können zehn Jahre lang oder länger verwendet werden. Brutwaben sind möglichst alle drei Jahre zu erneuern. Entdeckelungswachs wird als reines Wachs betrachtet. Es kann zur Herstellung von neuen Mittelwänden wiederverwendet werden. Das Wachs der Brutwaben aber enthält oft Varroazidrückstände und sollte somit für den Einsatz in der Beute nicht wieder aufbereitet werden.

Königinnenaufzucht

Füttern Sie regelmäßig einmal wöchentlich die Ablegervölkchen mit einem Tetrapack Sirup. Gegen Monatsende werden die Königinnen in Eilage sein, ein Zeichen dafür ist offene Brut. Füttern Sie Kunstschwärme zwei Mal wöchentlich mit zwei Behältern Sirup. Die Brut guter Königinnen ist regelmäßig und über die gesamte Brutwabenfläche verteilt, mit Ausnahme eines Honigkranzes oberhalb des Brutnests. Brutablegern fügen Sie bei Bedarf ausgebaute Waben hinzu, denn es kommt kaum vor, dass die nicht so individuenstarken Kunstschwärme schnell ihre Waben bauen. Jedenfalls sollte es das Ziel eines jeden Ablegers sein, fünf volle Brut- und Honigwaben in den nächsten zwei Monaten, ab jetzt gerechnet, zu haben.

Tipp des Monats

Worauf Sie beim Abnehmen der Honigzargen besonders achten sollten:

- Nur ganz wenig räuchern, damit der Honig den Rauchgeruch nicht annimmt.
- Weder Nadelhölzer noch Kartonagen im Smoker verwenden, da der darin enthaltene Teer den Honig mit chemischen Substanzen verunreinigen würden.
- Nur lebensmittelechte Schutzanstriche wie z. B. Leinöl oder Bienenwachs für die Beuten verwenden.
- Keine Brutwaben schleudern, um den Honig nicht mit Puppen und zerquetschten Larven zu verunreinigen.
- Kein Wasser auf die Honigwaben aufsprühen, um die Bienen zu verscheuchen oder zu beruhigen, da sich das Wasser mit dem Honig vermischen würde.
- Die Honigwaben nicht direkt auf dem Erdboden abstellen, sondern auf eine saubere Unterlage. Die Waben abgedeckt transportieren, um Räuberei und Einstauben zu vermeiden.

Thymolplättchen selbst herstellen

Dazu brauchen Sie: Thymol in Kristallform, denaturierten Alkohol (nicht zu verwechseln mit Brennspiritus), 10 x 10 cm große Steckschwammstücke (wie sie von Floristen verwendet werden), eine Spritze.

1

In einem Gefäß aus Glas oder Metall Thymol und Alkohol
im Verhältnis von 1 kg Thymol auf 1 Liter denaturierten Alkohol mischen. Das Volumen reicht für 60 Plättchen.

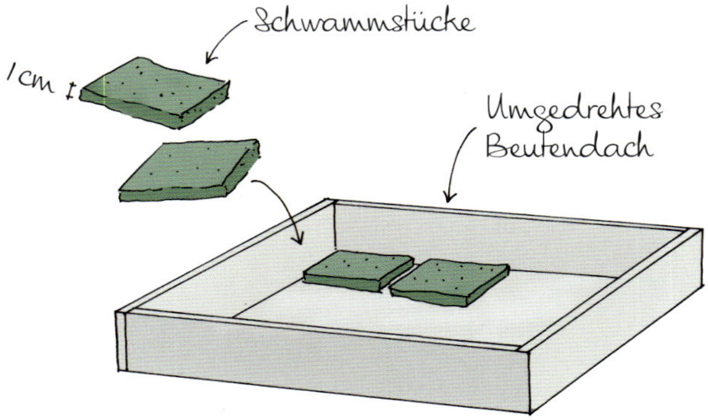

2

Schwammstücke von 1 cm Dicke zuschneiden.
Die Plättchen in ein Beutendach aus Blech legen.

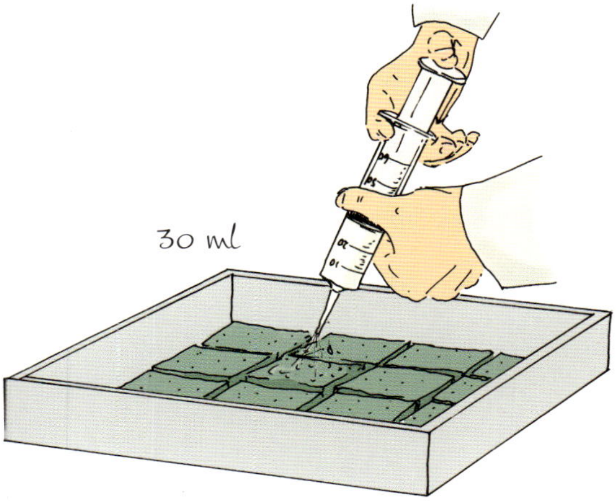

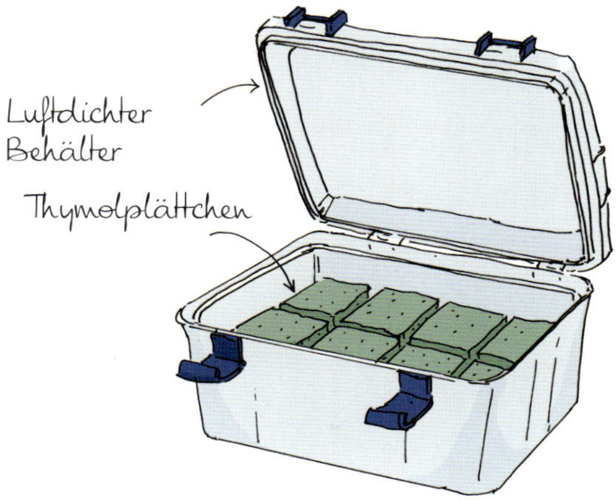

3

Mit der Spritze in jedes Plättchen 30 cm^3 aufgelöstes Thymol injizieren.
Den Alkohol vor Sonne geschützt in einigen Stunden verdunsten lassen, danach die Plättchen in einem luftdichten Behälter aufbewahren. Pro Beute zwei Plättchen vorsehen.

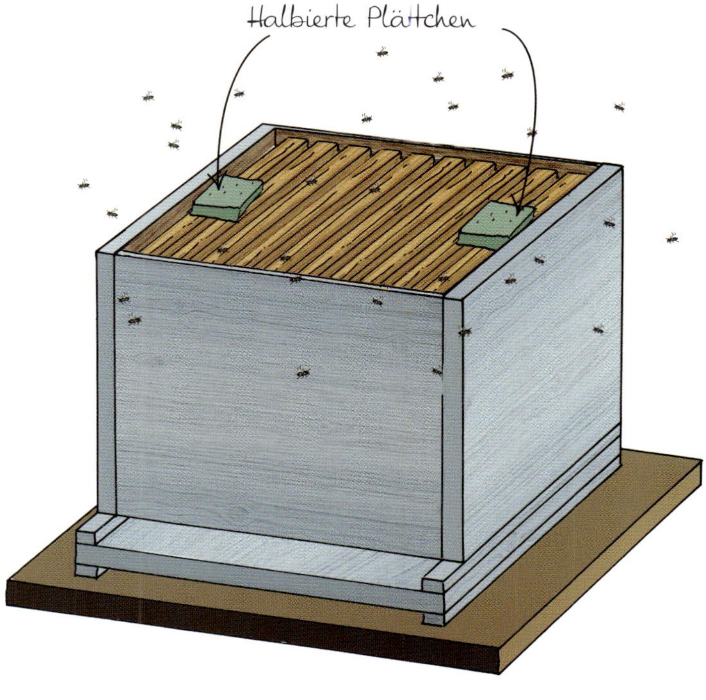

8 August

In den meisten Regionen ist der August der futterärmste Monat überhaupt. Für die Wanderviehwirtschaft, bei der das Vieh in die jahreszeitlich wechselnden Weidegebiete zieht, gilt das nicht. Nach demselben Prinzip verfahren die Imker in den Höhenlagen, um aufeinanderfolgende Honigeinträge zu erzielen. An den Bienenständen herrscht (beinahe) Ferienstimmung!

Das Wetter im August

Warme und schöne Witterung ist bis Mitte August an der Tagesordnung. Um den 15. August herum kann es wieder Regenfälle geben. In den Blättern steigt der Saft auf und die Natur erwacht zu neuem spätsommerlichen Leben. Die Gärten schmücken sich wieder mit Blumen. Häufig erblühen die Sämlinge von Einjährigen zu diesem Zeitpunkt in voller Pracht zu regelrechten Blumenteppichen. Die Sonnenscheindauer geht jedoch stark zurück, daher haben die Flugbienen immer weniger Zeit zum Sammeln von Nektar und Pollen.

Trachtpflanzen

Die für August typischen Trachtpflanzen sind zur Verstärkung der Wintervorräte sehr willkommen. Das jetzt noch reichlich vorhandene Pollen- und Nektarangebot, das gute Winterbienen hervorbringt, geht allerdings ganz allmählich zurück und wirkt sich damit auch auf die künftige Volksstärke aus.

Mönchspfeffer (*Vitex*).

Unter den Bäumen und Sträuchern ist an erster Stelle der Japanische Schnurbaum zu nennen, einer der besten Nektarspender überhaupt. Die Bienen sammeln den Nektar aus den zu Boden gefallenen Blüten, solange es genügend Nektar gibt. Der reichblühende Baum (sofern er zwanzig Jahre alt wird!), ergibt einen von den Bienen sehr begehrten und aromatischen Honig. Der Mönchspfeffer, ein an Nektar sehr ergiebiger buschig wachsender Strauch, blüht ebenfalls im August, genau wie der Japanische Rosinenbaum, der 8 bis 10 Meter hoch werden kann. Das Aroma des Qualitätshonigs erinnert an Lindenblütenhonig, seine Farbe ist jedoch etwas dunkler.

Borretsch.

Im August blüht ebenfalls das Herzspannkraut bzw. der Löwenschwanz, das einen hellen, goldfarbenen Honig, von feinem Duft und angenehmem Aroma bringt, aber auch die Gewöhnliche Seidenpflanze, eine mehrjährige krautige Pflanze, die einen ausgezeichneten zartgelben Honig mit milder Duftnote und exquisitem Aroma ergeben. Diese Pflanzen sind häufig richtige „Bienenfallen“, da sich die Bienen in ihren Blüten verlieren.

Die Scheinrebe ist ebenfalls ein hervorragender Pollenspender. Diese Rebe wird von den Bienen stark frequentiert, die niemals angriffslustig sind, wenn sie diese Pflanze aufsuchen, da sie zu sehr damit beschäftigt sind, den kostbaren Pollen zu sammeln.

Als weitere Trachtpflanzen wären noch Echter Alant, Borretsch (von den Bienen wenig frequentiert, die ergiebigere bzw. reichhaltigere Trachtquellen bevorzugen), Heidearten, Gemeine Ochsen-

Bienen in der Beute.

zunge, Zieste, Weidenröschen und Minze zu nennen. Honig aus Minze ist bernsteinfarben und hat ein ausgeprägtes Minzaroma. Aus den bläulichen Blüten tragen die Bienen eine reichhaltige Ausbeute von hervorragender Qualität heim in den Bienenstock.

Lebensbedürfnisse des Bienenvolkes

Nach dem reichhaltigen Nahrungsangebot im Juli ist das Bienenvolk damit beschäftigt, die Nektariensäfte in Honig umzuwandeln. Die Bienen saugen den Nektar auf und geben einen Teil davon wieder ab, nachdem sie ihn zuvor eingedickt und mit bieneneigenen Enzymen versetzt haben. Diese vorverdaute Nahrung wird an andere Bienen abgegeben, aber auch in eine Wabenzelle eingelagert, in der bereits etwas eingedickter Nektar angehäuft ist und die die Bienen Stück für Stück auffüllen, bis die Wabenzelle mit einem enzymhaltigen Honig gefüllt ist. Sobald der Wasseranteil im Honig bei etwa 18 % liegt, wird die Wabenzelle von den Bienen verdeckelt.

Gleichzeitig nimmt die Brutfläche in der Mitte des Brutnestes kontinuierlich ab. Bei der Eindickung des Nektars werden durch die Nahrung die Futtersaftdrüsen der Bienen angeregt, die daraufhin mehr Königinnenfuttersaft erzeugen und so wiederum die Legetätigkeit der Königin rasch in Gang setzen. So nimmt das Brutgeschäft im Volk wieder zu. Die seit Juli abnehmende Volksstärke stabilisiert sich wieder. In den kommenden Wochen wird sie erneut ansteigen, bevor sie im Oktober wieder abfällt. Sinn und Zweck dieses Prozesses ist es, zu Herbstanfang ein starkes Jungvolk hervorzubringen.

Biologie der Biene

Der Eindickungsvorgang des Honigs ist für die hiervon betroffenen Bienen kräftezehrend. Ihr Verdauungstrakt wird stark beansprucht, was sich auf die Lebensdauer dieser Bienen auswirkt.

Dagegen werden aus der Ende August und im September schlüpfenden Brut gesunde Bienen, die in der Mehrzahl viel Zeit in

Ruhe verbringen. Sobald die Vorräte für den Winter eingebracht sind, häuft das Volk keine Vorräte mehr an.

Die Haupttätigkeit der meisten Bienen besteht nun einzig und allein darin, Pollen zu verzehren und einen Teil der offenen Brut zu vertilgen. So nehmen sie große Mengen an Eiweiß, Fett und Kohlenhydraten auf, diese sind für den Aufbau ihres Fettkörpers wichtige Stoffe.

Der zur Überwinterung und für die Wiederaufnahme der Legetätigkeit notwendige „Winterspeck" der Bienen wird jedoch im Laufe der Überwinterung aufgebraucht, wenn der Befallsdruck von Varroamilben und *Nosema apis* zu hoch ist. Die Parasitenbekämpfung im Herbst und im Winter ist für die Jungbienen lebensnotwendig, um ihre eiweißhaltige Ernährung zu gewährleisten.

Gleichzeitig bleiben die Futtersaftdrüsen der Bienen aktiv, ihr Alterungsprozess schreitet nicht voran. So werden diese Bienen im Januar oder Februar, sobald die Temperaturen wieder ansteigen, in die Lage versetzt, ihre Funktion als Ammenbienen aufzunehmen. In milden Wintern sind die Ammenbienen nie wirklich untätig, sondern pflegen immer ein kleines Brutnest.

Nahrungsweitergabe.

Hygiene und Gesundheit des Bienenstandes

Außer einer zweiten Varroabehandlung gibt es im August nichts Besonderes am Bienenstand zu tun.

Diese Behandlung sollte in der zweiten Monatshälfte August mithilfe von mit Varroaziden versetzten Streifen mit verzögerter Wirkstofffreisetzung erfolgen. Varroamittel Marke Eigenbau verbieten sich von selbst.

Eine andere Methode zur Varroabekämpfung ist der Einsatz von Ameisensäure. Hierfür gibt es spezielle Verdunster in unterschiedlichen Ausführungen, bei deren Handhabung man genau nach Gebrauchsanleitung vorgehen sollte.

Während der Behandlung mit Ameisensäure darf das Volk nicht gefüttert werden, damit keine Ameisensäure in die Futtervorräte gerät. In manchen Länder wie Deutschland, Schweiz oder Kanada ist diese Behandlungsmethode weit verbreitet.

Ameisensäure hat die Eigenschaft, die Varroamilben, einschließlich der in den verdeckelten Wabenzellen befindlichen Milbenlarven, abzutöten. Die Handhabung der Verdunster ist nicht ganz einfach. Die Imker sind damit zufrieden, weil sie sich eine Winterbehandlung ersparen können. Trotzdem ist sie zur Restentmilbung ratsam.

Eine dritte Behandlung

Bei einem brutfreien Volk sollte eine dritte Anti-Milben-Behandlung dieses Mal mit Oxalsäure im Dezember oder Anfang Januar erfolgen. Aber Achtung! Dosierung und Vorgehensweise müssen genau eingehalten werden. Diese Mittel einschließlich der ätherischen Öle sind aggressiv für die Bienen und verkürzen bei unsachgemäßer Anwendung die Lebensdauer der Königinnen.

Arbeiten am Bienenstand

Bekämpfung der Varroa

Für die Bekämpfung der Milbe hat sich der Nassenheider Verdunster, den Sie im Imkereifachhandel erhalten, bewährt. Den Verdunster schrauben Sie in ein Leerrähmchen und stellen ihn hochkant. Befüllen Sie den Vorratsbehälter mit 60 %iger Ameisensäure. Der Verdunster wird mit 2 Dochten geliefert. Bei heißem Wetter nutzen Sie den kleineren. Hängen Sie ihn möglichst nah an das Brutnest, achten Sie jedoch darauf, dass der Verdunster nicht direkt neben der Brut hängt, sondern eine brutfreie Wabe oder Wabenseite dazwischen ist. Der Verdunster arbeitet am bienenschonendsten, wenn sie ihn mit tiefgekühler Säure befüllen.

Behandlung des Honigs

Abfüllung aus der Honigschleuder.

Honigabfüllung

Nach dem Filter- und Klärvorgang kann der Honig abgefüllt werden. Verwenden Sie dazu ruhig hübsche Behälter mit schönen Etiketten, sozusagen als Krönung Ihrer Arbeit eines ganzen Jahres! Die von Gesetzes wegen erforderliche Verkaufskennzeichnung beinhaltet das Verfallsdatum (etwa ein Jahr ab der Honigernte) sowie den Hinweis auf den Abfüller, also Sie, d. h. die Angabe Ihres Namens und Ihrer Anschrift. Von allen Behältern sind mir Gläser am liebsten. Glas ist durchsichtig, schließt luftdicht und gibt keinerlei Fremdstoffe an den Honig ab. Die Farbe des Honigs ist gut sichtbar und sein Aroma bleibt erhalten. Zwar altert Honig im Laufe der Zeit, in Gläsern jedoch ganz ohne Fremdeinwirkung.

Cremiger Honig.

Cremiger Honig

Heutzutage ist cremiger Honig sehr gefragt. Auskristallisierter Honig wird von den Berufsimkern maschinell zerkleinert. Der Hobbyimker kann seinen Honig rühren und ihm so eine feinkristalline Konsistenz verleihen. Kälte beschleunigt und verstärkt die Kristallisierung: manche Honigsorten wie beispielsweise Akazienhonig kristallisieren auf Grund ihres hohen Traubenzuckergehalts überhaupt nicht. Andere Sorten wiederum, wie Rapshonig, enthalten im Verhältnis überwiegend Traubenzucker und werden in nicht einmal einer Woche hart wie Beton. Lassen Sie Ihren Honig niemals im Klärbehälter kristallisieren. Der Gebrauch mancher Honigverflüssiger verändert den Honig, dessen Inhaltsstoffe ab einer Temperatur von 50 °C zerstört werden. Ist die Wärmeschädigung zu groß, kann der Honig nur noch als Backhonig verkauft werden. Mit einem Melitherm-Gerät gelingt es Ihnen einen kristallisierten Honig ohne jede Qualitätseinbuße zu verflüssigen.

Aufzucht von Königinnen

In den kommenden Wochen verwenden Sie diejenigen Königinnen, die Sie in weiser Voraussicht in Begattungsablegern aufgezogen haben. Wenn diese kleinen Völkchen weisellos werden, ziehen keine neue Königin mehr heran. Lösen Sie die Kästchen auf.
Wenn es neue Königinnen gibt, hat man immer noch Zeit zu überlegen, wie man sie einsetzt. Während Sie auf den Schlupf der Königinnen warten, bilden Sie diesen Monat die letzten Ableger, entweder indem Sie sehr starke Völker teilen oder aber, indem Sie aus mehreren Völkern, die dank ihrer Stärke das Schröpfen gut verkraften, vier Brut- und Honigwaben samt ansitzenden Bienen entnehmen. Jede Wabe wird mit einer Lösung aus Thymiangeist und Wasser eingesprüht. Anschließend wird eine begattete Königin (ohne Begleitbienen) in einem Zusetzkäfig zugesetzt, dessen Öffnung mit Futterteig verschlossen wird. Ergänzt wird das Ganze mit einer Mittelwand. Stellen Sie diese Ablegerkästen etwa 3 km entfernt vom Bienenstand auf oder nehmen Sie die Völkchen zwei Tage lang in Dunkelhaft, damit die Flugbienen nicht in die Mutterstation zurückfliegen. Hat man sehr starke Wirtschaftsvölker, kann man auf diese Weise noch die Anzahl der Kunstschwärme erhöhen, die im Folgejahr zur Bestandserneuerung eingesetzt werden. Behandeln Sie die Ableger mit einem Verdunster gegen Milben.

Völker einengen

Sobald die Bienen genügend Honig für den Winter angesammelt haben, öffnen Sie die Beuten und kontrollieren die Vorräte. Entfernen Sie leere bzw. nicht ausreichend volle Waben. Lassen Sie nur mindestens zur Hälfte gefüllte Waben in der Beute. Setzen Sie ein Trennschied ein. Stellen Sie das Volk frühmorgens so auf, dass die Stirnseite der Beute möglichst viel Sonne abbekommt (es kann bis auf fünf Waben eingeengt werden, denn hat ein Volk zu diesem Zeitpunkt ein Brutnest auf zwei Waben und drei Honigwaben, ist seine Überwinterung praktisch garantiert). Besitzt das Volk eine diesjährige Königin, so erbringt ihre Bruttätigkeit im kommenden März mit Sicherheit sehr gute Bienen. Eine Altkönigin dagegen sollten Sie nach Möglichkeit umweiseln, da sie im Folgejahr unter Umständen unfruchtbar sein könnte. Gehen Sie mit höchstens einjährigen Königinnen in den Winter.

Nicht vergessen

Denken Sie an die Fütterung der Kunstschwärme, damit sie sich gut weiterentwickeln, denn ihnen fehlen die Flugbienen. Geben Sie ihnen zwei Mal pro Woche zwei Gefäße Zuckerwasser.

Tipp des Monats

Um das Nosematoserisiko möglichst gering zu halten, lassen Sie in flachen Schalen in der obersten Zarge mit Wabenbau reine Essigsäure (auch „Eisessig“ genannt) bei Temperaturen von 20 °C bis 25 °C verdunsten. Die Essigsäure tötet die Nosemasporen ab. Notieren Sie dieses Vorgehen in Ihrem Zuchtbuch.

Zwei Völker vereinigen

So wie im Frühjahr, vorzugsweise mitten in der Schwarmzeit, die Völker leicht geteilt werden können, so können gegen Ende der Imkersaison zwei eher schwachen Völker vereinigt werden.
Zur Vereinigung zweier Völker brauchen Sie nicht die Königin zu suchen, um sie zu töten. Setzen Sie die Völker mit einer Lage Zeitungspapier aufeinander. Die Bienen suchen sich beim Vereinigungsprozess die Königin aus, die ihnen am besten gefällt.

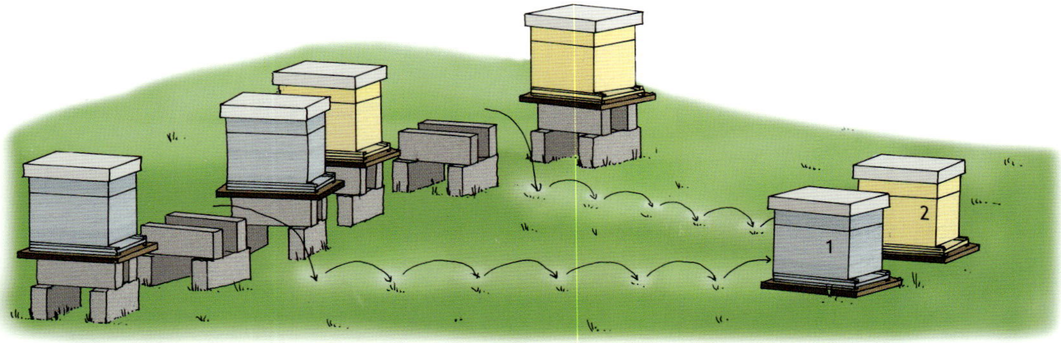

1

Rücken Sie die Beuten der beiden Völker, die Sie vereinigen möchten, jeden Tag 0,50 bis 1 Meter näher aneinander heran.

2

Nehmen Sie eine saubere Beute (die den Platz des stärkeren Volkes einnehmen soll) und setzen Sie in der Mitte die Jungkönigin auf ihrer Wabe samt ihrem Hofstaat ein.

Der Trick mit der „Duftlösung“

Um die Vereinigung zweier Völker zu erleichtern, empfiehlt es sich, die Bienen auf jeder Wabe „einzuparfümieren“. So stört man die auf den Pheromonen basierende Kommunikation der Bienen. Neben der klassischen Thymiangeist-Lösung hat sich in meiner Imkerei auch Eukalyptusöl bewährt. Davon löst man ein paar Milliliter in 125 cm^3 90 %igem Alkohol auf. Danach gibt man einen Esslöffel dieser Mischung in 1 Liter Wasser. **GUT ZU WISSEN:** *Sie können auch in der Apotheke Ampullen mit löslichem Eukalyptus (zum Inhalieren) kaufen und davon eine Ampulle in 1 Liter Wasser geben.*

4

Nehmen Sie aus der anderen Beute alle Brutwaben

mit ansitzenden Bienen heraus und setzen sie jeweils beidseits der Wabe mit der Jungkönigin ein. Fügen Sie dann noch Pollen- und schließlich Honigwaben hinzu.

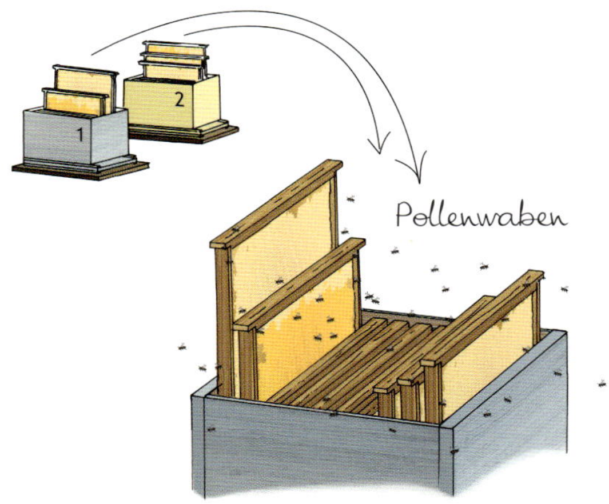

3

Setzen Sie beidseits die aus dem Volk dieser Königin samt Bienen entnommene(n) Brutwabe(n) ein.

Legen Sie die Pollen- und Honigwaben zur Seite, denn Sie werden nun ein Volk mit der üblichen Wabenstellung bilden: in der Mitte die Brutwaben, dann die Pollen- und zum Schluss die Honigwaben.

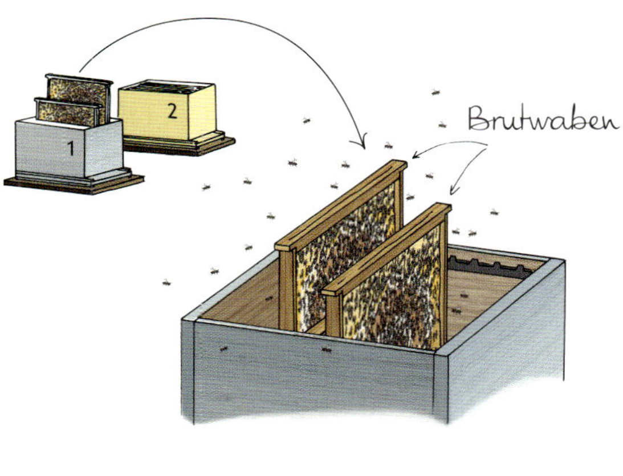

9 September

Für viele Menschen bedeutet der September das Ende der Ferien und die Rückkehr der Kinder zur Schule. Für den Imker bedeutet dieser Übergangsmonat, die Völker winterfest zu machen. Nach einem eher ruhigen August am Bienenstand gibt es im September doch wieder einiges zu tun. Mit der Herbstinspektion wird eine Bestandsaufnahme gemacht, welche Maßnahmen noch vor der Winterruhe durchgeführt werden müssen. Diese sind entscheidend für das Überleben der Völker bis zum nächsten Frühjahr.

Das Wetter im September

Der häufig noch milde September mit Temperaturen, die an manchen Tagen im Süden Frankreichs bis zu 25 °C erreichen können, läutet dennoch den nahenden Herbst ein. Die Sonnenscheindauer an den abwechselnd regnerischen und sonnigen Tagen nimmt ab, die Tage werden spürbar kürzer, die Natur verändert sich, die Blütenpracht geht zurück, auch wenn die Gärten vor Blüten überzuquellen scheinen.

Trachtpflanzen

Den Bienen steht im September weniger Nektar und Pollen zur Verfügung, der als Nahrungsgrundlage für die Winterbienen und zum Auffüllen der Vorräte dient. Dieser Honig ist von Natur aus stark antiseptisch, was sich auf die Gesundheit der Bienen äußerst vorteilhaft auswirkt. Die von den Flugbienen stark frequentierten Astern, große mehrjährige krautige Pflanzen, blühen bis in den November hinein.

Der Gemeine Efeu ist eine gute Trachtpflanze für die Bienen, um ihre Vorräte aufzufüllen. Sein Pollen ist genau dann reichlich vorhanden, wenn sich die Winterbienen entwickeln.

Der Erdbeerbaum blüht an seinen Lieblingsstandorten von September bis Januar.

Die als Futterpflanze genutzte Luzerne wird meist vor der Blüte abgemäht. Nur die zur Gewinnung von Saatgut angebaute Luzerne gelangt zur Blüte und eignet sich ebenfalls als Trachtpflanze.

Je nach Region kommt auch die Tanne als Trachtquelle in Frage. Sie hat keine Blüte als Nektarspender vorzuweisen, aber sie ist für die Bienen insofern nützlich, als diese die „Ausscheidungen" der Tannenläuse, also die von den Läusen ausgeschiedene zuckrige Flüssigkeit, die sich vom Saft der Tannenknospen ernähren, aufsaugen. Dieser Honigtauhonig ist wegen seines sehr kräftigen Aromas begehrt.

Astern.

Tannenhonig, Gift für die Bienen

Alle Honigtauhonige sind giftig für die Bienen, da sie einen hohen Anteil an Mineralsalzen enthalten, die vom Bienenorganismus nur schlecht vertragen werden. Die daraus entstehenden Störungen des Verdauungstrakts gefährden häufig das Überleben eines Volkes im Winter. Tannenhonig muss daher vollständig ausgeschleudert werden, einschließlich des in den Brutwaben enthaltenen Honigs und unverzüglich durch intensive Einfütterung ersetzt werden. Die Gefährdung besteht darin, dass durch die Einlagerung und Umwandlung des Nektars in Honig alte Bienen überwintern und im März altershalber eingehen, vor allem in langen und kalten Wintern.

Wespennest.

Lebensbedürfnisse des Bienenvolkes

Auf die Wiedererstarkung des Volkes dank erneuter Legetätigkeit der Königin im August folgt die langsame und unvermeidliche absteigende Völkerentwicklung. Dieser Populationsrückgang wird gleichzeitig durch die kürzeren Tage, die die Arbeitszeit der Flugbienen einschränken, und durch ein geringer werdendes Trachtangebot in der Umgebung angestoßen. Die Volksstärke passt sich diesen Umweltbedingungen an. Die Bienen verausgaben sich nicht mit Brutpflege, sodass sich die Brutfläche nach Mitte August rasch verkleinert.

Biologie der Biene

Trachtangebot und Volksstärke

Die Fortpflanzungsgeschwindigkeit von Insektenvölkern passt sich in ihrem Umfang den Schwankungen im Trachtangebot an. Die Arbeit des Imkers besteht also darin, die Natur zu überlisten und die Bienen dazu zu bringen, über ihren Eigenbedarf hinaus Vorräte anzulegen und davon dann einen Teil zu entnehmen!

Die Bienen in unseren Breiten haben im Schnitt im Winter eine Lebensdauer von 150 Tagen. Das ist mehr als bei Bienenrassen in tropischen Ländern während der Trockenzeiten, die im Schnitt kaum über 28 Tage hinausgeht. Zumindest geht dies aus den Arbeiten der Genetiker hervor, die Bienenvölker aus Ländern mit gemäßigtem Klima mit Bienenvölkern aus tropischen Ländern verglichen haben.

Diese Anpassungsfähigkeit unserer europäischen Bienenrassen genügt als solche nicht. Der Imker muss gleichzeitig darauf achten, die im Herbst schlüpfenden Bienen bestmöglich zu schützen.

Erinnern wir uns nochmals daran, dass der Zeitraum, in dem die Völker eine aufsteigende Entwicklung durchlaufen und sich Wintervorräte anlegen können, sehr kurz ist: Er reicht vom Frühjahr bis in den frühen Sommer. Unsere Bienen haben sich an diesen Jahreslauf angepasst, da im Herbst kein ausreichendes Nahrungsangebot zur Verfügung steht, mit dem die Bienen den Winter überstehen können. Trotz dieser genetischen Eigenschaft unserer Bienen muss man wissen, dass zahlreiche wilde Bienenvölker den Winter nicht überleben und zwar auf Grund ihrer zu geringen Volksstärke und ihres Unvermögens, die notwendigen Vorräte anzulegen.

Honigwaben.

Unsere Völkerführung muss also diesem Umstand Rechnung tragen. Aus diesem Grund ist es ab der Honigernte im Juli wichtig, einen starken Honigeintrag zu simulieren, indem stark zugefüttert wird, damit die Völker mit der Bildung ihrer Wintervorräte beginnen können.

Besucherinnen auf Wabenoberträger.

Hygiene und Gesundheit des Bienenstandes

Bekämpfung der Varroamilben

Die Behandlung der Völker gegen die Varroamilbe muss konsequent durchgeführt werden. Dabei werden drei Maßnahmen miteinander kombiniert:

1. **Biotechnische Maßnahmen**. Hierbei verdeckelte Drohnenbrutwaben im April vernichtet.
2. **Varroazide**. Hierbei werden die Völker unmittelbar nach der Honigernte im Juli mit Thymol und/oder Ameisensäure behandelt. Die Behandlung mit Ameisensäure muss Ende August/Anfang September wiederholt werden.
3. **Brutfreie Völker** werden darüber hinaus zwischen November und Januar mit Oxalsäure behandelt.

Pollenkörner.

Arbeiten am Bienenstand

Schwache Völker vereinigen und Völker einengen

Die Vereinigung von Völkern führt man im September durch. Dabei werden Leerwaben entnommen, bei Bedarf Honigwaben hinzugefügt und die Völker bis auf fünf Brut-, Honig- und Pollenwaben eingeengt, wobei die Bienen davon vier Waben besetzt haben.

Achten Sie darauf, dass die Honigwaben möglichst über die ganze Höhe gut gefüllt sind, damit sich die Wintertraube lange von derselben Wabe ernähren kann und ein Wabenwechsel erst dann stattfinden muss, wenn sich die Wintertraube bei wärmerer Witterung auflockert und die Bienen sich über alle Waben verteilen.

Eingeengt wird, in dem leerer Raum mit einem Trennschied abgetrennt wird, das die Wärme hält. In gleicher Weise kommt neben dieses Schied das zweite schwache Volk. So können sich die beiden Schwächlinge gegenseitig wärmen.

Kontrolle der Königinnen

Die Kontrolle der Leistungsfähigkeit der Zuchtköniginnen ab August ist einfach: Sie brauchen nur die Königin, die Jungbienen sowie die Brutmenge und -dichte beobachten. Eine längliche und agile Königin ist ein gutes Zeichen, ebensowie gut geformte Jungbienen, ohne zernagte Flügel, atrophierte Beine, mit gut entwickeltem Hinterleib. Die Brut selbst sollte regelmäßig angelegt und auf mehrere Waben verteilt sein.

Findet man dagegen hier und da viel glänzenden Honig mitten in den Brutwaben, lässt dies darauf schließen, das die Königin Eier legt, die die Bienen zerstören. Weil die Königin nicht auf der Brutwabe ist, um dort zu legen, deponieren die Flugbienen Nektar in den freigewordenen Wabenzellen.

Möglicherweise geben die Larven, die aus Eiern hervorgegangen sind, welche von Samenfäden von „Bruder"-Drohnen der Königin befruchtet worden waren, ein Pheromon ab, das diesen Kannibalismus der Arbeiterinnen auslöst.

Nicht verdeckelte Maden, die verdreht in den Wabenzellen liegen oder ausgetrocknet sind, lassen auf ein Problem mit der Europäische Faulbrut schließen. In den genannten Fällen sind die Königinnen zu vernichten.

Werden die Zuchtköniginnen in 5-Waben-Ablegerkästen geführt, darf jetzt keine Umsiedlung vorgenommen werden. Im August haben Sie die schwächeren Ableger vereinigt. Diese Völker auf fünf Waben werden mit ihren Königinnen mit Wirtschaftsvölkern im März des Folgejahres vereinigt, wobei die älteste Königin abgedrückt wird. Dabei ist darauf zu achten, dass dem Volk ein

Trennschiede herstellen

Am besten eignet sich dazu eine etwa 5 mm dicke Hartfaserplatte. Die Trennschiede werden passgenau an Stelle einer Wabe an zwei 50 mm langen Drahtstiften eingehängt.

Schöne verdeckelte Brutwabe zu Saisonende.

Königin.

verdeckelter Brutrahmen ohne ansitzende Bienen hinzugegeben wird, sollten die fünf Waben des Volkes nicht genügend Honig enthalten oder sämtliche Waben vom Volk besetzt sein. Verfügt man über gut gefüllte Honigwaben, kann man selbstverständlich eine halbleere Wabe durch eine andere, gut gefüllte Wabe ersetzen oder das Volk einfüttern. Das zusätzliche Nahrungsangebot sollte dem Volk eine so gute Entwicklung ermöglichen, dass es bis Oktober fünf Waben besetzt hat, davon etwa vier Honigwaben.

Ist dies nicht der Fall, lassen Sie die Jungköniginnen in starken und gesunden Wirtschaftsvölkern überwintern. Mit Honig nicht ausreichend versorgte Anbrüter überleben unter Umständen nicht und die Königinnen wären dann verloren.

Je nach Region wird die Königin in die Wirtschaftsvölker Ende September oder im Oktober zugesetzt. Wird die Königin spät in der Saison zugesetzt, werden dadurch Umweiselungen vermieden, d. h. Erneuerungen von Königinnen ohne Schwärmen. Bei manchen schwarmträgen Zuchtlinien ist dies die Regel. Die zugesetzte Jungkönigin ist offenbar akzeptiert, ihre Eiablage ist regelmäßig, man muss sich keine Sorgen mehr machen und im Frühjahr entdeckt man eine neue, nicht gezeichnete Königin.

Die Völker aus den Höhenlagen ins Flachland verstellen

In den Höhenlagen kann es bereits den ersten Schnee geben, daher ist es jetzt an der Zeit, die Völker ins Flachland zu verstellen, um ihnen die notwendige Zeit zu geben, einwinterungsfähige Jungbienen hervorzubringen.

Die Völker bleiben solange im Flachland, bis wieder die Tracht in den Bergen beginnt, das heißt im nächsten Frühsommer. Zu diesem Zeitpunkt wird dann den gut entwickelten Völkern möglichst die ganze, im Flachland gesammelte Tracht weggenommen und die Völker werden dann zu den Trachtquellen in den Höhenlagen verbracht.

Nicht vergessen

Als Hobbyimker brauchen Sie nicht so viele Königinnen, sodass Sie diese am besten in Miniplusbeuten aufziehen. So sind sie einfacher zu kontrollieren und man kann sie im September auf fünf volle Honig-, Pollen- und Brutwaben setzen und anschließend im März des Folgejahrs die Völker vereinigen. Führen Sie genauso viele Ablegervölker wie Wirtschaftsvölker.

Honigabfüllung aus der Honigschleuder.

Dadant-Kasten auf Honigraum.

Unterschiedliche Überlebensraten

Gilles Fert, Experte für Königinnenaufzucht, verweist auf seine Forschungsarbeiten, aus denen die Überlebensraten der Königinnen nach ihrem Zusetzen in ein Volk hervorgehen. Von den zum Zeitpunkt des Zusetzens 7 Tage alten Königinnen sind nach zwei Wochen nur noch 15 % am Leben. Von 35 Tage alten Königinnen dagegen sind es bereits 90 %. Davon leben 35 Wochen später immer noch 72 %. Diese Beobachtungen sprechen für eine erst spät in der Saison stattfindende Umweiselung, da die Königinnen dann älter sind und folglich besser akzeptiert werden.

Tipp des Monats

Honig wird über einen längeren Zeitraum am besten an einem trockenen, kühlen, idealerweise auf etwa 15 °C temperierten und sonnengeschützten Ort aufbewahrt. Liegt der Wasseranteil im Honig über 19 %, muss er bei unter 11 °C aufbewahrt werden. Bei Honigtau sinkt der Wasseranteil auf 18 %. Getrockneter Pollen muss lichtgeschützt bei einer Idealtemperatur von unter 15 °C aufbewahrt werden. Tiefgefrorener Pollen muss bei unter −18 °C aufbewahrt werden.
Frisches Gelée Royale wird lichtgeschützt zwischen 2 °C und 5 °C aufbewahrt.

Königinzusetzverfahren

Eine Königin wird grundsätzlich in ein Volk zugesetzt, das man zwei oder drei Tage zuvor selbst entweiselt hat.

Zusetzgitter

Um nichts dem Zufall zu überlassen, besonders wenn Sie eine wertvolle Königin zusetzen, kaufen Sie ein Zusetzgitter von etwa 12 x 15 x 1 cm Größe. Die Königin wird auf eine Wabe mit auslaufender Brut gesetzt und darüber der Gitterrahmen in die Wabe gedrückt. Unter dem Gitterrahmen wird die Brut schlüpfen. Da die frisch geschlüpften Bienen nur zur Königin Kontakt haben, nehmen sie deren Pheromone auf und werden sie künftig verteidigen. Die Bienen aus dem Volk füttern diese kleine Gruppe durch das Gitter, das man einige Tage später entnimmt.

GUT ZU WISSEN: *Es sollten keine Königinnen zugesetzt werden, wenn man Varroabehandlungen durchführt.*

Zusetzkäfig

Auch wenn der Zusetzkäfig nicht unfehlbar ist, so sind dieser Methode doch sehr hohe Erfolgsquoten beschieden.

Spezialkäfige

Es gibt Käfigmodelle, in die man drei Tage lang eine komplette Wabe einlegen kann. Dieses Käfigsystem nimmt soviel Raum wie drei Waben ein und setzt voraus, dass sich an der Unterseite der Beute keine Krampen oder Wabenhalterungen befinden, die das Zusetzen dieses Käfigsystems verhindern würden. Die Bienen füttern die Königin und die Jungbienen durch das Gitter. Bei dieser Konstellation schlüpfen sehr viele Bienen und schützen die Königin. Die Akzeptanz der Königin ist bei dieser Konstellation quasi garantiert.

1

Hängen Sie in ein weiselloses Volk zwischen zwei Brutwaben
mithilfe eines 50 mm langen Drahtstifts oder eines Streichholzes einen Zusetzkäfig mit Königin ein. Der Käfig ist auf einer Seite mit Futterteig verschlossen, der von den Bienen aufgefressen wird und so die Königin freigibt. Der Zusetzkäfig hat Löcher oder Schlitze, sodass die Bienen die Königin füttern und mit ihr Pheromone austauschen können.

2

Königin und Bienen beginnen rasch mit dem Nahrungsaustausch,
was die Akzeptanz der Königin beim Volk erleichtert. Zwei bis drei Tage später kann man das Zusetzgitter bzw. den Zusetzkäfig entfernen und die auf den Ohren aufliegenden Nachbarwaben so verschieben, dass die Bienen sie leicht besetzen können.

10 Oktober

Im Oktober beginnen die Arbeiten zur Einwinterung der Völker. Jetzt muss die Ausrüstung kontrolliert und gegebenenfalls ersetzt werden. Kühlere Temperaturen sind ideal zur Wachsentfernung von den Rahmen, zum Wachsschmelzen und Wachsfiltern im Freien. Auch die Reinigung der Rahmen in Sodalauge findet im Freien statt. Vorsicht jedoch bei zu schönem Wetter! Dann haben die Bienen „Ausgang“, die, angelockt vom Geruch geschmolzenen Wachses, zu einem Besuch vorbeikommen und hartnäckig bleiben.

Das Wetter im Oktober

Die Witterung bleibt kühl und feucht, ungeachtet möglicher „goldener Oktobertage". Es wird merklich kühler, die Tage werden unwirtlich und regnerisch. Je nach Region liegen die Durchschnittstemperaturen bei 10 °C bis 15 °C, mit Tiefsttemperaturen um 0 °C. In der Region Centre und im Osten Frankreichs tritt der erste Nachtfrost auf, der sich im Laufe des Oktobers immer häufiger einstellt.

Efeu in Blüte.

Trachtpflanzen

Der Oktober bedeutet das Trachtende für die Bienenvölker. Ausnahmen bestätigen die Regel: bestimmte Efeuarten liefern die letzten Pollenaufkommen, die für die Wintervorräte wichtig sind, und die die Völker bis zur Wiederaufnahme der Legetätigkeit der Königin über Wasser halten. In der Provence und in Südfrankreich sind Besenheide und Erdbeerbaum die letzten Trachtquellen im Bienenjahr.

Lebensbedürfnisse des Bienenvolkes

Die Völker bereiten sich auf den Wintereinbruch vor. Die zunehmende Kälte, kürzere Tage und die Verknappung des Nahrungsangebots haben zur Folge, dass die Flugbienen nicht mehr viel eintragen. Die letzten von den Wespen aufgestochenen Früchte sind nur eine magere Ausbeute an zuckriger Flüssigkeit. Die Jungbienen im Volk haben nichts mehr zu tun. Sie verausgaben sich nicht. Sie sind beschäftigt mit dem Aufzehren von Pollen und offener Brut und halten so ihren Organismus in Schwung und bewahren ihre Gesundheit und ihre Futtersaftdrüsen für das ab Januar oder Februar neu einsetzende Brutgeschäft.

Das Brutnest ist deutlich kleiner, höchstens eine Wabe in den Ablegervölkchen, selten mehr als zwei in den 10-Waben-Beuten. Natürlich hängt viel von der Witterung ab, vom Trachtangebot in der Umgebung und dem Zustand der Völker während der vorangegangenen Monate.

Gezeichnete Königin.

Biologie der Biene

Die Biene hält keinen Winterschlaf im eigentlichen Sinne (sie schläft nicht), aber sie lebt auf Sparflamme, beständig auf den Verzehr von Honig bedacht, der ihr die lebensnotwendige Wärmeerzeugung ermöglicht. Die dicht aneinandergedrängten Bienen versammeln sich in der Mitte der Beute und bilden eine „Traube“, in deren Kern sie eine Temperatur von 30 bis 35 °C aufrechterhalten.

Sie wandern langsam vom Zentrum der Traube, wo sich die gefüllten Honigwaben befinden, nach außen an den Rand der Traube. Dank dieses Verhaltens kann das Volk starken Frost überstehen, natürlich nur unter der Bedingung, dass die Beute gut belüftet ist, damit die feuchte Luft abziehen kann. Eine solche Traube kann Temperaturen innerhalb der Beute bis zu 0 °C überstehen. Gesunde Bienen mit einem hochwertigen Honigvorrat müssen praktisch keinerlei Abfallprodukte entsorgen. Sie verbringen die Wochen im Herbst und Winter zurückgezogen in ihrer Beute.

Hin und wieder können sie ein paar Sonnenstrahlen dazu nutzen, auszufliegen und ihre Kotblase zu entleeren. Kranke oder durch zu späte Nahrungsaufnahme verbrauchte Bienen altern, ihr Verdauungssystem scheidet die den Organismus belastenden Abfallprodukte aus, sodass sie unter Umständen die Beute verschmutzen und dadurch möglicherweise Krankheiten verbreiten. Es sei denn, sie fliegen eines schönen Tages aus und sterben. So kann es vorkommen, dass man im März vollständig leere Beuten vorfindet.

Wachsbrücken sollten regelmäßig entfernt werden.

Hygiene und Gesundheit des Bienenstandes

Für das Überleben der Bienenvölker ist es entscheidend, ab jetzt nicht mehr zuzufüttern. Jetzt gilt es, die Jungbienen bei guter Gesundheit zu halten, das ist das Hauptziel in diesem Monat. In der Regel wurden die Vorräte im Sommer von denjenigen Bienen angelegt, die von der nächsten schlüpfenden Brut ersetzt werden, was bis Ende November dauern kann.

Dank dieser Erneuerung von Generationen kann das Volk eine sehr große Anzahl an Ammenbienen aufbieten, die für die Wiederaufnahme der Legetätigkeit der Königin im kommenden Frühjahr unverzichtbar sind.

Sonst geht man am besten her und löst das Volk auf. Behalten Sie nur solche Völker, bei denen mindestens vier Waben mit Bienen besetzt sind und die über ausreichend Honigvorräte verfügen.

Überdachter Bienenstand.

Arbeiten am Bienenstand

Vorbereitung der Einwinterung

Bereits zu Monatsanfang müssen Sie die Fluglöcher an Ihren Beuten einengen, damit keine Spitzmäuse, Eidechsen und andere Räuber eindringen können. Es bringt nichts, diese Räuber in den Wintervorräten der Bienenvölker überwintern zu lassen! Es gibt Mäuseschutzgitter aus Metall, deren Maschenweite genau der Größe der Bienen entspricht. Vielleicht stellen Sie aber auch fest, dass diese Schutzgitter mehr oder weniger gut auf Ihre Beutenböden passen, die nicht immer gleich breit sind.

So besteht nun Ihre Arbeit im Winter darin, gleich große Böden entweder zu kaufen oder selbst herzustellen.

Stehen keine Metallgitter zur Verfügung, können Sie das Flugloch der Beute auf seiner ganzen Breite mit einer Sockelleiste versperren, die so zugeschnitten wird, dass nur noch eine Aussparung von 10 mm Höhe offen bleibt. Um Schäden durch die in der Beute von den Bienen abgegebene Feuchtigkeit zu vermeiden, setzen Sie, sofern Sie keine offenen Gitterböden verwenden, an

Zargen nach der Reinigung in Sodalauge.

Opfer der Wachsmotte.

jeder Ecke zwischen Boden und Brutraum einen 5 mm dicken Abstandshalter ein. Die so geschaffene Luftzufuhr lässt das Volk gesunden. Was mich betrifft, so rate ich davon ab, die Beuten nach vorne zu kippen, um das Kondenswasser ablaufen zu lassen, wie häufig empfohlen wird: Gute Belüftung macht solche Kunstgriffe überflüssig. Wer mit offenen Gitterböden arbeitet, sollte eine Leerzarge zwischen Boden und Brutraum einsetzen. Im Winter wird dadurch verhindert, dass der Wind das Volk zu sehr auskühlt und damit gleichzeitig die Königin an der Wiederaufnahme der Eiablage hindert. Im Sommer verhindert diese Leerzarge, dass die Völker sich zum „Bienenbart" formieren. Diese Vorgehensweise wird von Bruder Adam befürwortet, wie mir Yvon Achard berichtet hat.

Die bei standortgebundenen Beuten sehr wirkungsvolle Methode ist bei Wanderbeuten schwieriger umzusetzen.

Kokons der Wachsmotte.

Die Herbstinspektion

Inzwischen sind die Temperaturen zum Öffnen der Beuten und für die Arbeit an den Völkern grenzwertig. Sie können jedoch gegen Monatsende und bei schönem Wetter die Varroastreifen entfernen. Die Herbstinspektion ist die letzte Durchsicht der Völker im Jahr. Völker, die nicht vier Honig- und eine Brutwabe besetzt haben, werden aufgelöst. Zeichnen Sie die letzten angehenden Königinnen. Notieren Sie auch, welche Völker Ihrer Meinung nach etwas knapp an Vorräten sind (z. B. Völker, die fast vier Honigwaben haben, aber eben nur fast). Ihnen legen Sie schnell Ende November Futterteig auf den Deckel. Sind ein oder zwei Völker zu schwach, lösen Sie sie auf und verwenden Sie ihre Honigwaben zur Stärkung anderer Völker.

Bienen am Deckelloch.

MEIN TIPP: *Auf Beuten, in denen nur individuenschwache Völker mit wenig Honigwaben sind, lege ich gerne ein Stück Plastikplane so auf, dass darunter genügend Platz ist, um notfalls etwas Futterteig direkt über das Brutnest einzuschieben. Wenn ich Futterteig gebe, verstärke ich diese Plane mit Luftpolsterfolie, die das Ganze umhüllt. Diese durch das Blechdach fixierte Folie gewährleistet ohne weitere Hilfen eine hervorragende Wärmedämmung. Mit dieser Methode kann die Beute teilweise und erschütterungsfrei geöffnet werden und ermöglicht so eine rasche kurze Durchsicht während der schlechten Jahreszeit. So ist es beispielsweise auch einfacher, eine Behandlung mit Oxalsäure durchzuführen. Die Abdeckplane wird nicht abgeflammt, sondern bei Bedarf erneuert. Pierre Jean-Prost gibt an, dass er keinerlei Unterschied zwischen den beiden Abdeckungsformen Gewebeplane und Baufolie ausmachen konnte.*

Dadant-Kasten auf Zarge mit Honigraum und Futterdeckel.

Die Völker wiegen

Dieser Tipp ist zwar nicht neu, aber nach wie vor gültig: Sie sollten das Gewicht der Völker kennen, um über die Völkerführung zu entscheiden. Die Vorgehensweise ist bereits den Werken über Agrarwissenschaften Anfang des 19. Jahrhunderts zu entnehmen. Damals wurde das Wiegen mit eine römischen Waage durchgeführt. Heutzutage empfehlen sich die beiden folgenden Methoden:

- **Federwaage**. Die Federwaage wird an einer dicken Schraube aufgehängt, die mittig hinten am Beutenboden angebracht ist. Da alle Beuten auf dieselbe Art auf ihrer Unterkonstruktion sitzen (Frontseite senkrecht zur Unterkonstruktion), zeigt die Federwaage die Hälfte des Gewichts der Beute an, wenn der Boden angehoben wird. Bei Beuten mit hervorstehenden Metallspitzen wird die Federwaage an einer dieser Spitzen aufgehängt.
- **Personenwaage**. Eine Personenwage wird auf das Dach der Beute gelegt. Über die Platte, auf der normalerweise die zu wiegende Person steht, wird ein Brett gelegt, das über die Ränder des Daches hinaushängt. Dann wird unter die Beute ein Brett geschoben. Anschließend werden das Brett auf dem Dach und das Brett am Boden auf beiden Seiten mit einem Gurt verbunden. Wenn man nun die Waage packt und nach oben zieht, hebt die Beute von ihrem Standplatz ab. Ihr Gewicht kann ganz leicht auf der Skala der Waage abgelesen werden.

Warré-Beute mit Planenabdeckung.

Warré-Beute mit Holzdeckel.

Pollenwaben aufbewahren

Überzählige Pollenwaben werden trocken, vor Motten und anderen Parasiten geschützt gelagert, beispielsweise in einem ausrangierten Kühlschrank, den Sie in diesem Fall als Vakuumschrank nutzen und in dem Sie ein Stück Schwefelfaden anzünden.

Zur Konservierung des Pollens sollte man ihn mit fein gemahlenem Streuzucker oder mit Puderzucker, der keine Stärke enthält, bestäuben. Zum Mahlen eignet sich eine Kaffeemühle. Auf diese Art und Weise kann der Pollen trocknen.

Der in den Wabenzellen gelagerte und durch Enzyme umgewandelte Pollen wird auch „Bienenbrot" genannt. Er wird den Bienen als Futter angeboten, um zum Zeitpunkt der Königinaufzucht oder ab dem Monat März das Brutgeschäft solcher Völker zu stimulieren, die nur über wenig Pollen verfügen.

Das Bienenbrot erkennt man an seiner leuchtenden und glänzenden Farbe. Nicht umgwandelter Pollen glänzt nicht, sondern ist matt.

Eine Spitzmaus hat ihr Nest in der warmen Beute gebaut, um hier zu überwintern.

Bild linke Seite:
Dadant-Kasten auf Leerzarge mit Fluglochgitter, bereit zur Überwinterung.

Nicht vergessen

Tragen Sie Ihre Beobachtungen im Zuchtbuch, auf der Stockkarte, in einer Datei oder auf einem glatt geschliffenen Brettchen unter dem Beutendach ein. Anhand dieser Notizen können Sie Ihre Eingriffe in die Völker planen, jedes Volk individuell beobachten und durch die Beobachtung Ihrer Völker immer etwas Neues hinzulernen.

Zur Orientierung

Eine 10-Waben-Dadant-Beute mit Blechdach, die beim Anheben hinten ein Gewicht von 20 kg oder ein Gesamtgewicht von 40 kg erreicht, wird den Winter überstehen, ohne dass es Ihrer besonderen Aufmerksamkeit bedarf. Bei einem Gewicht von 17 bis 20 kg, wenn hinten angehoben wird, muss ab Dezember Futterteig eingefüttert werden. Bei einem Gewicht von unter 17 kg wird es für das betreffende Volk schwierig, über den Winter zu kommen, es sei denn, das Volk wurde auf 5 Waben eingeengt, von denen 4 volle Honigwaben sind. Wiegt ein Volk auf 10 Waben weniger als 17 kg, würde ich Ihnen empfehlen, es aufzulösen, weil es den Winter vermutlich nicht überstehen wird.

Tipp des Monats

Achten Sie bei Ihren Inspektionen darauf, die Waben auf einen Wabenbock zu hängen. Legt man die Waben direkt auf den Boden, werden sie unter Umständen kontaminiert. Man muss wissen, dass man in einer Beute Totenfall vorfindet: altersschwache Bienen, an Krankheit eingegangene Bienen, Abfallprodukte der Bienen, Parasiten und Pilzsporen. Das ganze Gemüll ist ringsum die Beute verteilt, bleibt dort liegen oder wird von verschiedenen Räubern aufgenommen und weggetragen.

Völker auflösen

Die Auflösung von Völkern geht sehr einfach und schnell vonstatten.

1

Bei Tagesende, vor Sonnenuntergang, räuchern Sie das schwache Volk gut ein.
Verstellen Sie es innerhalb des Bienenstandes. Fast sofort beginnen die Bienen, sich mit Honig vollzustopfen. Jetzt ist auch das typische Brausen der Bienen zu hören.

Nicht vergessen!

- Haben Sie eine junge und wertvolle Königin, ist aber ihr Hofstaat zu klein, um davon zu profitieren, können Sie eine Altkönigin eines anderen Volkes durch diese Jungkönigin ersetzen.
- Haben Sie eine sehr stark besetzte Brutwabe, setzen Sie diese in ein zu verstärkendes Volk ein. Gleichzeitig werden auch alle anderen Waben gezogen und vor Motten geschützt aufbewahrt. Verbrennen Sie sämtliche Ihnen verdächtig erscheinenden Waben.

2

Nachdem das Volk zum Brausen gebracht wurde, warten Sie ein paar Minuten, öffnen Sie die Beute und ziehen Sie jede einzelne Wabe und schütteln Sie die Bienen ab. Die mit Honig vollgestopften Bienen finden ihre Beute nicht mehr an ihrem Standort vor und werden bei einem anderen Volk vorstellig, dem sie Honig anbieten und dadurch leichter von dem fremden Volk akzeptiert werden.

Überwinterung von Rähmchen mit Ablegervölkchen.

11 November

Der November kennzeichnet den Beginn der „dunklen" Jahreszeit, wie der Winter häufig genannt wird. Das schlechte Wetter lässt nicht mehr viel Arbeit im Freien zu. Das ist nicht schlimm, denn die inzwischen untätigen Völker brauchen im November keine besondere Aufmerksamkeit. Für Gartenfreunde ist der November auch der Pflanzmonat.
Bereichern Sie das Umfeld Ihrer Bienenstöcke mit für eine Bienenweide geeigneten Bäumen und Sträuchern!

Das Wetter im November

In den meisten gemäßigten Zonen tritt der Frost erst nach dem 11. November auf. Um Allerheiligen kann es noch manchmal schöne, wenn auch recht kalte, Tage geben. Im Allgemeinen ist der November ein kalter und feuchter Monat, es regnet viel und die Durchschnittstemperaturen liegen bei 5 °C, außer in Südfrankreich, wo sie etwas höher liegen können. Die Sonne dringt immer seltener durch und die Natur kommt allmählich zur Ruhe – genau wie die Bienen.

Trachtpflanzen

Inzwischen hat bereits die trachtlose Zeit eingesetzt. Nur in der Mittelmeerregion kann man auf Winterheide und Erdbeerbaum stoßen. Überall sonst ist im November endgültig die Blüte des Weißklees vorbei, der seit April geblüht hat.

Lebensbedürfnisse des Bienenvolkes

Das Bienenvolk hat sich mit Honig vollgestopft, es wird träge und es beginnt die Zeit der Überwinterung. Der Bienenstand ist nun ungebetenen Gästen ausgesetzt und die Bienen können sich gegen mögliche Räuber nicht wehren. Bereits seit einiger Zeit suchen kleine Nager und Eidechsen einen Unterschlupf – und eine Bienenbeute ist solch ein Unterschlupf. Nur ein Gitterboden oder ein belüfteter Boden hält sie vom Einnisten ab.

Sofern Sie es nicht schon im Oktober gemacht haben, können Sie jetzt Fluglochgitter einsetzen, die den Zugang zur Beute einengen und sie vor unerwünschten Besuchern schützen.

Trotz dieser Vorsichtsmaßnahmen kann es passieren, dass man im März manchmal sehr große Eidechsen innerhalb der Beute vorfindet. Ihnen ist es gelungen, in die Beute einzudringen, sie haben von den Vorräten der Bienen profitiert und während der vielen Winterwochen auch die Bienen gefressen. Da sie zu groß geworden sind, passen sie zu Beginn der schönen Jahreszeit nicht mehr durch das Flugloch!

Biologie der Biene

Während der langen Kälteperiode können die Bienen auf Grund ihrer langen Zurückgezogenheit durchaus ihren Orientierungssinn verlieren. Sobald sie wieder ausfliegen können, kann man beobachten, dass sie große Kreise um die Beuten ziehen und sich dabei immer weiter entfernen. Der Standort der Beute im Verhältnis zur Position der Sonne ist sehr wichtig für die Bienen. Da sie schnell die Erinnerung daran verlieren, empfiehlt es sich bei Kunstschwärmen und Ablegern, sie zwei Nächte in Dunkelhaft zu nehmen, wenn man sie nicht 3 km entfernt vom Bienenstand unterbringen kann.

Hygiene und Gesundheit des Bienenstandes

Was die Gesundheit der Völker betrifft, so muss man diesen Monat lediglich ihre Widerstandsfähigkeit und die Belüftung kontrollieren. Sie sollten auch darauf achten, dass bei fortgesetztem Schneefall die Anflugbretter frei sind, damit sich die Bienen dort frei bewegen können.

In der Regel wird eine zusätzliche Einfütterung erst gegen Ende Dezember notwendig. Dabei sollte vorrangig Futterteig gegeben werden. Er wird von den Bienen wie Honig verzehrt, kann als vorbeugende Maßnahme gegeben werden und hat darüber hinaus keinerlei schädlichen Einfluss auf das Bienenvolk.

Dagegen sollte man keine Zuckerlösungen verwenden, denn sie erfordern von den Bienen körperliche Anstrengungen, um das Wasser auszuscheiden. Die Futtergefäße befinden sich entfernt von der Wintertraube und der Zehrweg dorthin ist wie ein tödlicher Eiskorridor. Zudem ist die Zuckerlösung sehr kalt und die Bienen werden beim Aufnehmen gefühllos und sterben ab. Wir erinnern uns, dass wir nur in zwei Fällen Zuckerlösung anbieten: wenn die Löwenzahnblüte einsetzt und wenn im Januar das Volk sehr stark ist und Sie Bienen auf dem Futterdeckel umherwandern sehen. In diesem Fall wird die Zuckerlösung angewärmt angeboten.

Plane über Warré-Kasten.

Bild rechte Seite:
Beuten und Ablegerkästen, Flachdächer und Satteldächer.

Vorsicht bei systemischen Pestiziden

Zur Unkrautentfernung und zum Auslichten der Sträucher in der unmittelbaren Umgebung der Beuten ist unbedingt darauf zu achten, nur biologisch abbaubare Produkte zu verwenden und systemisch wirkende Pestizide zu vermeiden. Letztere enthalten häufig Hormone, die das Pflanzenwachstum stören. Die Pestizide findet man in den Wassertropfen, die morgens unterhalb der Blätter perlen, wenn die Vegetation sich wieder aufrichtet. Dieses Phänomen ist auch als „Guttation" bekannt. Es bedeutet, dass die Pflanze Wassertropfen aktiv ausscheidet und ist nicht zu verwechseln mit Tautropfen, die durch Temperaturunterschiede kondensiertes Wasser sind. Sobald die Bienen die verschmutzten Guttationstropfen aufnehmen, sterben sie. Herbizide bzw. Unkrautvernichter sind für Bienen gar alle giftig. Wenden Sie solche Mittel leider prinzipiell nicht an. Hecken- und Rebschere sowie ein Freischneider sind bei weitem verträglicher für die Bienen.

Arbeiten am Bienenstand

Metallabsperrgitter.

Instandsetzung des Bienenstandes

Bis zum Februar wird die Arbeit am Bienenstand darin bestehen, Sträucher und Büsche auszulichten, den Boden einzuebnen, den Zugang zum Bienenstand zu verbessern, gegen Brombeerdickicht und Unkräuter vorzugehen sowie neue Standorte ausfindig zu machen.

Solche neuen Standplätze müssen mit einer ausreichend hohen Unterkonstruktion versehen werden, weil die Beuten nicht direkt auf den zu feuchten Boden aufgesetzt werden dürfen.

Die Höhe der Unterkonstruktion sollte sich nach Ihrer Körpergröße richten. Der Rücken eines Imkers ist in der Tat sein größter Feind und zu niedrig aufgestellte Zargen zu heben, wenn sie voll sind, stellt Ihren Rücken auf eine harte Probe!

Die kostengünstigste und stabilste Unterkonstruktion sind Leichtbausteine. Große Leichtbausteine, zwei auf zwei über Kreuz aufeinandergestellt, ergeben ein Fundament in bequemer Höhe. Bei lockerem Boden sollte man die oberste Erdschicht abtragen, dann beschottern und vor dem Setzen der Steine den Boden verfestigen.

Kontrollieren Sie mit der Wasserwaage, ob er schön waagerecht ist. Futterzargen haben schräge Böden, die dafür sorgen, dass das Futter in Richtung des Bienenaufstiegs fließt und die Insekten das ganze Gefäß leeren können. Dieses ist nur bei einer absolut waagerechten Aufstellung der Völker möglich.

Die Dächer der Beuten müssen mit einem Stein beschwert werden. Das mit Öl eingelassene Holz der Beuten wird in der heißesten Jahreszeit abseits der Fluglöcher der Bienen eingepinselt, damit die neugierigen Insekten Sie nicht bei dieser Arbeit stören.

Die richtige Beute

Für den Aufbau eines Bienenstandes ist der November der beste Monat, um seine Ausrüstung zusammenzustellen. In der Regel empfiehlt es sich, sich bei den örtlichen Lieferanten einzudecken, die hauptsächlich auf das hiesige Trachtangebot ausgerichtete Beuten verkaufen, das – wir erinnern uns – teilweise die Wirtschaftsstärke eines Volkes bestimmt.

Unter Berücksichtigung der Fortpflanzungsdynamik unserer Hausbiene sollten die Beuten ihr einen Wohnraum von etwa 80 Litern bieten.

Dieser Standard, Ergebnis langjähriger Erfahrung, wurde für alle im Handel erhältlichen Modelle übernommen.

Dadant-Magazinbeute bestehend aus 2 Zargen.

Zwei Beutenmodelle

- **Beute mit Honigraum**. Bei diesen Beuten vom Typ Dadant (10 Waben) oder Voirnot (10 Waben) unterscheidet sich der Brutraum, Ort der Fortpflanzung und Lebensraum der Bienen, durch seine Größe vom Honigraum, der als Vorratskammer für den Honigüberschuss dient, den der Imker erntet. In der Regel ist der Honigraum halb so hoch wie der Brutraum und enthält eine Wabe weniger, um die Entdeckelung zu erleichtern. Da die Waben somit dicker sind, ragen sie großzügig über den Holzrahmen hinaus.
- **Magazinbeute**. Die Magazinbeute ohne Honigraum besteht aus gleich großen Zargen, die abwechselnd als Lebensraum für das Volk und als Vorratskammer für den Honig dienen. Es sind dies die Modelle Langstroth (10 Waben), Deutsch Normalmaß (10 Waben), Zander (10 Waben) oder Warré (8 Waben).

Eine 10-Waben-Dadant-Beute mit Honigraum ergibt 81 Liter, zwei übereinander gesetzte Langstroth-Zargen 85 Liter und vier Warré-Zargen 78 Liter. Kurzum, entscheidend bei allen Modellen ist, dass

Langstroth-Zarge auf Dadant-Kasten.

Die Dadant-Beute – von Hobbyimkern bevorzugt

Unter den Hobbyimkern ist in Frankreich die Dadant-Beute die meist verwendete Beute. Ihr Brutraum ist recht groß, die 42 cm breiten und 27 cm hohen Rahmen beherbergen leicht die gesamte Brut, ohne dass häufig Brut im Honigraum zu finden wäre. Die Dadant-Beute enthält 10 oder 12 Waben im Brutraum. Der Hobbyimker nutzt häufig die 10-Waben-Beute. Unter den heutigen Umgebungsverhältnissen sind die Völker häufig nicht mehr so stark wie zu dem Zeitpunkt, als die Dadant-Beute entwickelt wurde. Sie können daher die Beute auch nur auf 8 Waben führen und den Raum mit zwei Trennschieden aus Sperrholz oder Hartschaum (Styrodur) beidseits um 40 mm einengen. Wichtig hierbei ist, dass das Volk immer ein Höchstmaß an Wärme erhält, um sich gut entwickeln zu können. In solchen Fällen geben manche Imker lieber der Warré-Beute den Vorzug, die klassischerweise auf 8 Waben geführt wird und sehr günstig für die Brutentwicklung ist. Diese Beute ist in den letzten Jahren bei jungen Imkern in Mode gekommen.

das Brutnest über den für seine richtige Entwicklung notwendigen Raum verfügt, und dass die Honigvorräte ausreichend sind, um die abrupten Schwankungen im Trachtangebot auszugleichen.

So wird vermieden, dass der Imker wie hypnotisiert vor seinen Völkern sitzt, vor lauter Angst, dass sie wegen Raummangel schwärmen oder einen Teil des Nektars verlieren könnten.

Zwei sehr unterschiedliche Führungsmethoden

Sie können Ihre Völker auf Waben oder auf Zargen führen.

- **Beutenführung auf Waben** bedeutet, dass zu starke Völker geschröpft werden, indem man ihnen eine oder mehrere Brutwaben entnimmt. Umgekehrt verstärkt man Sie, indem man aus anderen Beuten entnommen Waben hinzufügt. So ist die Volksstärke steuerbar, sie hängt von der Anzahl der Brutwaben ab sowie von der Anzahl entnommener bzw. hinzugegebener Bienen.
- **Beutenführung auf Zargen bedeutet**, dass eine Zugabe oder Entnahme von Bienen nur zargenweise erfolgt, d. h. beispielsweise 8 Waben bei einer Warré-Beute. Die „Zargenführung" zeigt dem Imker sehr schnell, dass eine gute Bienenhaltung nur mit gut genährten, gesunden, individuenstarken Völkern mit fruchtbaren, jungen und gut ausgewählten Königinnen möglich ist. Alle Magazinbeuten lassen sich auf Zargen und auf Rähmchen führen, während die älteren Hinterbehandlungsbeuten nur auf Waben geführt werden können.

Wie Ihre Entscheidung auch ausfallen mag, beim Kauf der Ausrüstung sollte man immer die Abmessungen kontrollieren. Da eine Normierung nicht wirklich eingehalten wird, sind Abweichungen von einigen Millimetern häufig.

Warré-Waben, Mittelwand nach Gatineau, Wabenstück nach Gilles Denis, ursprünglicher Oberträger mit Wabe.

MEIN TIPP: *Nehmen Sie am besten einen einzigen Beutentyp – damit sparen Sie wirklich Zeit und Geld. Es gibt keine bessere Beute als diejenige, die der Imker beherrscht. Treten in Ihrer Völkerführung Probleme auf, sollten Sie vielleicht lieber eine Fortbildung ins Auge fassen, beispielsweise an einem Lehrbienenstand, als sofort die Ausrüstung auszuwechseln. Nur Ihr Rücken ist ein guter Grund, sich eine leichtere Beute auszusuchen!*

Der richtige Boden und Deckel

Der Boden sollte einen offener Gitterboden haben. So kann Feuchtigkeit besser abziehen und die von allein purzelnden Varroamilben fallen durch das Gitter und verlieren sich im Gras. Die ideale Wahl wäre ein Boden mit Schublade, die von Imkern „Windel" genannt wird. Varroamilben auf einer Bodenwindel können für die Befallsdiagnose wesentlich einfacher gezählt werden.

Als Futtergefäß schlage ich Ihnen eine Futterzarge vor. Das ist bei weitem die bequemste Methode, um im Frühjahr eine Reizfütterung und im Sommer eine Intensivfütterung vornehmen zu können. Die Futterzarge setze ich auch auf die Zargen mit den Kunstschwärmen und Ablegern, die ich fortlaufend von ihrer Bildung bis zum Sommerende einfüttere.

Futterdeckel.

Bei den an Honigvorräten etwas knappen Wirtschaftsvölkern verwende ich eine Plane, die aus einem dicken kunststoffbeschichteten Gewebe besteht. Dieses dient mir das gesamte Jahr über als Abdeckung, mit Ausnahme der Fütterungsperioden. Im Sommer lege ich ein einfaches 10 mm dickes Brett obenauf, das beidseits mit zwei 10 bis 15 mm dicken Leisten verstehen ist.

Diese Abstandshalter bewirken eine Belüftung, die die Bienen selbst regulieren, indem sie die Lücken in der Plane mehr oder weniger stark mit Propolis zukitten. Im Winter kann ich unter diese Plane dann ein 5 cm dickes Stück Futterteig einschieben, so wie bereits im Monat Oktober beschrieben.

Die richtigen Werkzeuge

- **Smoker**. Die handelsüblichen Smoker funktionieren gut, vorausgesetzt, sie haben ein Bodengitter, das das Rauchmaterial um 2 cm erhöht: so kann die Luft problemlos durchstreichen. Ein gut befeuerter Smoker hält einen ganzen Tag lang vor. Nehmen Sie am besten ein Modell mit einem Schutzgitter außen. So schützt man sich oder auch die Bodenmatten im Auto vor Verbrennungen!
- **Stockmeißel**. Es genügt eigentlich ein großer Schraubenzieher, aber Stockmeißel mit sehr langem Heft eignen sich sehr gut, die verkitteten Waben voneinander zu lösen.

Smoker mit Schutzgitter.

GUT ZU WISSEN: *Ein Stock- und Hebemeißel (amerikanisches Modell) ist ein ausgezeichneter Schaber. Dank eines lebhaften Farbanstrichs (rot, blau oder gelb) ist er im Gras leicht auffindbar.*

- **Schutzkleidung**. Ein Imkerschleier ist unverzichtbar, er sollte nicht zu dicht am Gesicht anliegen, um Stiche zu vermeiden. Wählen Sie einen Schleier mit Kinnband, das den Schleier rich-

Bienenkorb aus Stroh.

tig auf dem Kopf hält, selbst an sehr windigen Tagen. Ist der Schleier fest mit einer dicken Imkerjacke verbunden, kann er nicht verlegt werden.

Achten Sie auf einen direkten Sitz des Gummizugs des Jackensaums am Gürtel – Bienen sind Meister im Aufspüren von Lücken! Die Jackentaschen sollten tief und mit einer Klappe versehen sein, um bei den Inspektionen nicht die unerlässlichen Werkzeuge zu verlieren: Königinabfangzange, Farbtube zum Zeichnen von Königinnen, Gartenmesser, Schachtel mit Reißzwecken, Bleistift und Drahtstiften.

Handschuhe aus Leder oder Gummi vervollständigen die Ausrüstung. Mit ihren langen Stulpen passen sie über die Jackenärmel. Die Hosenbeine werden in die Stiefel gesteckt.

Jacke und Hose sollten am besten weiß sein, da Bienen dunkle Farben nicht erkennen. Im Handel sind auch vollständige Imkeranzüge erhältlich, bei denen der Schleier von einem Abstandsreifen gehalten wird. Der von einem Engländer entwickelte und vielfach kopierte Anzug bietet optimalen Schutz, ganz besonders bei sehr windigem Wetter.

Der Werkzeugkasten

Hierfür eignet sich jeder Kunststoffkasten. In dem Kasten sollten der Smoker, ein 5-Liter-Kanister Zuckerlösung sowie alles andere Platz haben.

Klappkisten aus Kunststoff haben exakt dieselbe Größe wie Dadant-Rahmen.

MEIN TIPP: *Wenn Sie zu Ihrem Bienenstand gehen, machen Sie es sich zur Gewohnheit, immer ausgebaute Waben, Mittelwände, Brutwaben sowie Honigwaben mitzunehmen. Lassen Sie nach Möglichkeit in der Mitte Ihres Bienenstandes eine Beute oder einen Ablegerkasten leer stehen, in dem Sie Mittelwände, Brut- und Honigwaben, Stockmeißel usw. aufbewahren. Die Feinde der Bienen werden sich dafür nicht interessieren und Sie haben auf diese Weise im Bedarfsfall das nötige Material gleich bei der Hand.*

Nicht vergessen

Teilen Sie sich die Imkerarbeiten für den Winter gut ein – denn das Eindrahten von Rähmchen, Einsetzen der Mittelwände, Vorbereiten der Brutwaben, Desinfizieren der Beuten und Rahmen sind langwierige und mühsame Arbeitsvorgänge. Haben Sie die Winterarbeiten nicht durchgeführt, fehlt Ihnen dafür die Zeit, wenn Sie Ihre Arbeit an den Völkern im Frühjahr wieder aufnehmen.

Der Werkzeugkasten des Imkers

Der unentbehrliche Werkzeugkasten des Imkers enthält in der Regel, neben Smoker und Sirupkanister, folgende Ausrüstung:

- eine Schachtel mit Schrauben, Nägeln, Schraubhaken für Fluglochgitter, Reißzwecken
- ein Schraubendreher und Handholzbohrer für diese Haken
- Schachtel mit Schwefelschnitten und eine Schwefeldose
- Gefäß mit Ammoniumnitrat
- Königinzusetzkäfige und ein Gefäß mit Futterteig
- Königinabfangzange
- Gefäß mit Rauchmaterial und Eierkarton
- Feuerzeug
- Bleistifte
- Holzplatten zum Verschließen der Öffnungen in den Deckeln
- Fluglochgitter aus Metall
- Stockmeißel
- Abkehrbesen
- Notizbuch für Ihre Beobachtungen

Die folgenden Gegenstände werden im Laufe der Zeit hinzukommen

- Kunststoffschilder zur Nummerierung der Beuten mit Bleistift
- Sprühflasche mit Thymianwasser
- wasserfester Filzstift
- Brettchen
- Trennschiede aus Hartfaserplatte

In Ihrem Werkzeugkasten können Sie auch einen Wabenträger verstauen, den man am Beutenrand befestigt und in den man zwei Rähmchen einhängen kann, was die Arbeit an den Völkern erleichtert.

Tipp des Monats

Das Etikett auf Ihren Honiggläsern muss die folgenden Angaben aufweisen: das Wort „Honig“ und eine Zusatzbezeichnung die Honigart betreffend. Achtung: die Bezeichnungen „Naturhonig, Reinhonig, Landhonig, Honig aus der Region, 100 % Honig“ sind nicht zulässig. Dagegen ist die Angabe „Der Honig ist ein Naturprodukt“ zulässig. Auch Angaben zur Herkunft aus Blüten sind zulässig, z. B. Rapshonig oder Sonnenblumenhonig. Möglich sind auch Bezeichnungen wie „Blütenhonig, Honigtauhonig, Waldhonig, Schleuderhonig oder Backhonig“. Vergessen Sie das Ursprungsland: Deutschland oder EU, Ihren Name und Ihre Anschrift, Gewicht (selbstverständlich netto) sowie das Verfallsdatum nicht. Für Honig rechnet man mit einer Haltbarkeit von zwei Jahren. Honig kann sich jedoch noch viel länger halten.

Winterfütterung (Option 1)

Ein geeignetes Winterfutter ist Futterteig. Er ist eine pastöse Zuckermasse, die Fondant ähnelt. Futterteig ist ein bei 110 °C bis 120 °C gekochter Zucker, der sehr fein kristallisiert. Zur besseren Knetfähigkeit wird er von den Herstellern häufig mit Glukosesirup versetzt.

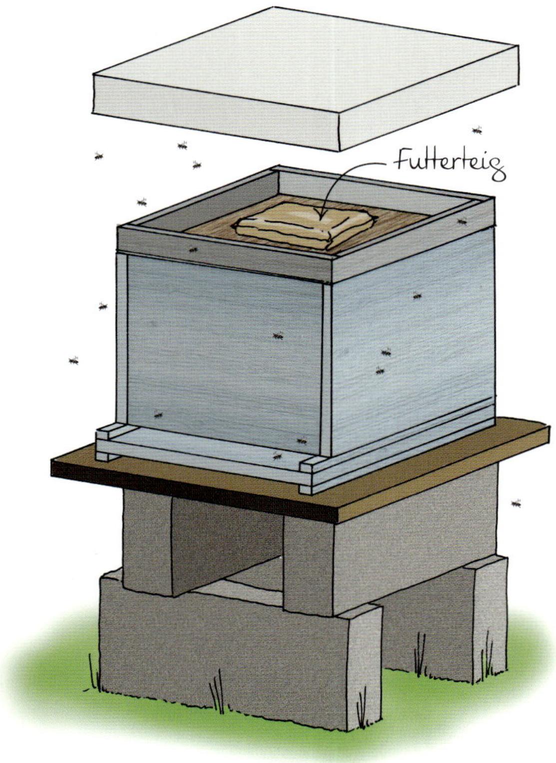

1

Der in Tüten zu 1,5 kg bis 2,5 kg erhältliche Futterteig
wird direkt über das Futterloch im Futterdeckel gelegt.

2

Manche Deckel haben mehrere Löcher,
sodass der Imker den Futterteig möglichst nahe an die Wintertraube legen kann.

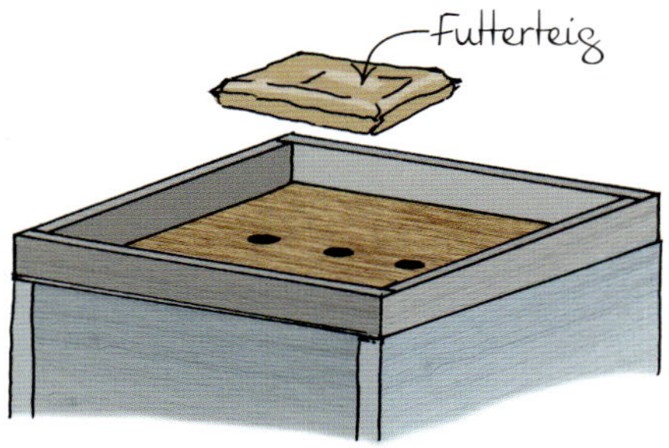

Was das Gesetz sagt

Nach der Honigverordnung (HonigV) wird Honig wie folgt definiert: „Honig ist der natursüße Stoff, der von Honigbienen erzeugt wird, indem die Bienen Nektar von Pflanzen oder Sekrete lebender Pflanzenteile oder sich auf den lebenden Pflanzenteilen befindende Exkrete von an Pflanzen saugenden Insekten aufnehmen, durch Kombination mit eigenen spezifischen Stoffen umwandeln, einlagern, dehydratisieren und in den Waben des Bienenstocks speichern und reifen lassen. Honig dürfen jedoch keine honigeigenen Stoffe entzogen werden, soweit dies beim Entfernen von anorganischen oder organischen honigfremden Stoffen nicht unvermeidbar ist. Abweichend davon dürfen gefiltertem Honig Pollen entzogen worden sein." Zum genauen Wortlaut siehe Honigverordnung (HonigV) in der Fassung vom 16. Januar 2004.

Winterfütterung (Option 2)

1

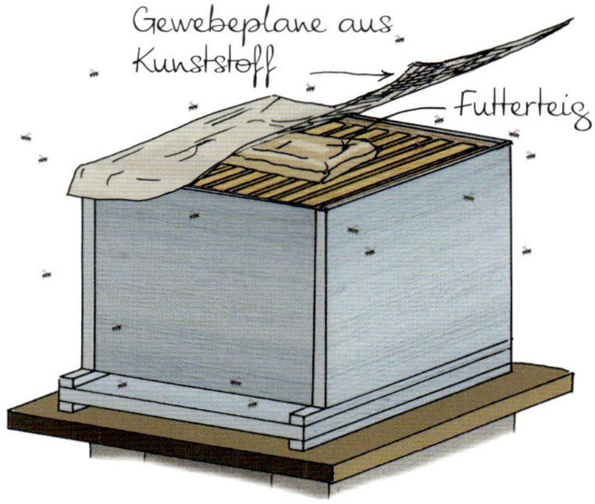

Ersetzen Sie den Holzdeckel durch ein Stück Gewebeplane aus Kunststoff.
EIN GUTER TRICK: *Da die Plane leicht ausfranst, säume ich sie mit der Nähmaschine um.*
Legen Sie den Futterteig auf die Wabenoberträger unter die Plane genau dorthin, wo Sie die Bienen sehen. Für sehr kleine Völker ist dies lebensnotwendig.

2

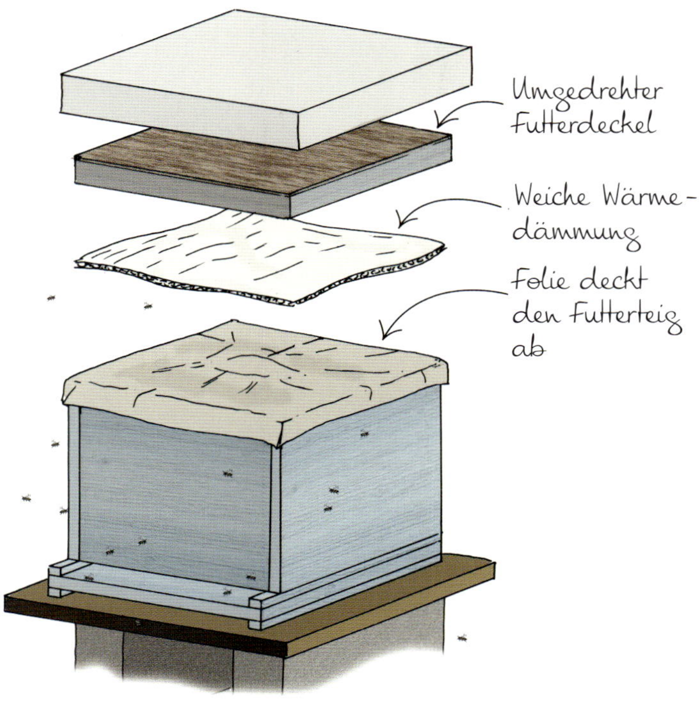

Verstauen Sie das Ganze unter dem Dach, wobei die Plane die Beute gut abdecken sollte.
In sehr kalten Regionen nimmt man als zusätzliche Abdeckung noch ein Stück mitteldichte Faserplatte oder Luftpolsterfolie als Wärmeschutz und setzt das Dach obenauf. Eine solche Dämmung dichtet die Beutenoberseite gut ab.
ACHTUNG! *Der Boden muss gut belüftet werden, damit sich keine Feuchtigkeit ansammelt.*

12 Dezember

„Die Erde muss ihr Betttuch haben, soll sie der Winterschlaf laben."
Die Natur scheint im Winterschlaf, die Tage werden unausweichlich kürzer, bis es nur noch acht Stunden Tageslicht gibt. Selbst in Südfrankreich kommt jetzt die ruhigste Zeit im Jahreslauf der Bienenvölker. Zu Weihnachten markiert die Wintersonnenwende die länger werdenden Tage und je nach Region kommt im Januar oder Februar wieder Leben in die Bienenvölker. Jetzt feiert man ein gutes vergangenes und wünscht sich ein besseres Imkerjahr!

Beute mit Eiszapfen.

Das Wetter im Dezember

Im Dezember hat sich Väterchen Frost eingenistet, die Tage im Dezember sind die kürzesten des Jahres. Dennoch kann man mit einigen schönen Tagen rechnen, eine willkommene Abwechslung von dem grauen Einerlei des Novembers. An solchen Tagen wird die dritte Varroabehandlung durchgeführt, sofern sie wegen noch vorhandener Brut nicht im November vorgenommen werden konnte. Überall in den Höhenlagen herrscht Frost.

Trachtpflanzen

Der Dezember ist ein nahezu trachtloser Monat. Nur die Winterheide und die Schnee- oder Christrose ist an dieser Stelle zu erwähnen, die je nach Region von November bis März blüht.

Lebensbedürfnisse des Bienenvolkes

Der Dezember ist für die Bienenvölker ein Monat der Ruhe und Muße. Ihre Tätigkeit unterscheidet sich nicht von der im November: Die Wintertraube kümmert sich um die Wärmeregulierung, dabei wechseln laufend Bienen vom Kern der Traube nach außen an den Rand, um Futter aufzunehmen. Das Brutgeschäft ist soweit beendet, die Königin hat ihre Legetätigkeit eingestellt, außer vielleicht in Südfrankreich oder bei besonders milder Witterung. Mit der Wintersonnenwende wird sie die Eiablage allmählich wieder aufnehmen.

Königin und ihr Hofstaat.

Beute mit verglaster Hinterwand.

Biologie der Biene

Das Bienenleben auf Sparflamme geht einher mit dem regelmäßigen Verzehr von Honig, der es ihnen ermöglicht, die Temperatur im Kern der Wintertraube zu halten. Da Honig Feuchtigkeit enthält, sind die Bienen genötigt, ihm das Wasser zu entziehen, das an den kalten Stellen der Beute kondensiert.

Die Bienen können sich nur schlecht gegen diese Umgebungsfeuchte schützen, deren Beseitigung ihnen einen hohen Energieaufwand abfordert. Die Belüftung der Beute durch einen offenen Gitterboden und das Unterstellen einer Leerzarge unter den Brutraum, d. h. auf den Boden sind gute Methoden, um die Feuchtigkeit nach unten abzuleiten.

Mit diesen wenigen Maßnahmen und einem gut abgedichteten Dach kann das Bienenvolk soviel Wärme erzeugen und erhalten, wie notwendig für sein Überleben ist, und gleichzeitig nur wenig Honig verzehren.

Hygiene und Gesundheit des Bienenstandes

Die Wintermonate sind der Planung der bevorstehenden Arbeiten gewidmet. Im Dezember haben Sie Zeit, sich eine Strategie zur Krankheitsbekämpfung zurechtzulegen, wobei die Vorbeugung immer noch die beste Alternative ist!

Ein Volk erkrankt, wenn drei Faktoren aufeinandertreffen:
- das Vorhandensein eines Krankheitserregers,
- eine begünstigende äußere Ursache (Wetter, Ernährungsstörungen, Vergiftung) und
- der beklagenswerte Zustand des Volkes (zu schwach, mangelernährt, mit Parasiten befallen, instabil).

Aufstellungsweise des Bienenstandes

Die Reihenaufstellung von Beuten begünstigt die Abwanderung von Bienen. Jede beliebige Biene kann, wenn sie mit Honig vollgestopft ist, in jede beliebige Beute fliegen und dort einen Tropfen ihres Honigeintrags anbieten. Diese Abwanderung verstärkt besonders die Völker an beiden Enden einer Beutenreihe und birgt gleichzeitig das Risiko der Ausbreitung von Krankheiten und von Milben.

Dem kann man entgehen, indem die Beuten in Dreier- oder Vierergruppen aufgestellt und unterschiedlich ausgerichtet werden. In der Regel ist eine Ausrichtung nach Süd-Süd-Ost empfehlenswert. Die Amerikaner haben gezeigt, dass die Ausrichtung der Beuten eine eher untergeordnete Rolle spielt. Man sollte jedoch

Richtiges Desinfizieren der Ausrüstung

Die Vorbeugung von Krankheiten und Parasiten geschieht hauptsächlich durch das regelmäßige Desinfizieren der Ausrüstung.

- Im Zweifelsfall wird der **Stockmeißel** in Natronlauge getaucht, um eine vollständige Desinfizierung zu gewährleisten. Faulbrutsporen überdauern mindestens 40 Jahre und können nur durch Abflammen oder mit Natronlauge abgetötet werden. Diese beiden, zugegebenermaßen radikalen, Methoden sind zu empfehlen.
- **Gerätschaften aus Metall, Beuten, Ablegerkästen, Böden und Deckel aus Holz** müssen zur Desinfektion mit dem Gasbrenner abgeflammt werden. Für Imkereien mit einem großen Materialbestand gibt es leistungsstarke Gasbrenner, wie sie im Straßenbau zum Erhitzen von Teerbelägen verwendet werden. Nehmen Sie am besten einen Brenner mit Handgriff und Zündflamme. Denken Sie daran – den Gasbrenner nur im Freien zu benutzen.
- **Das Holz der Beute** sollte nach der Desinfizierung eine bräunliche Farbe annehmen. Propolis und Wachs dürfen kochen, man muss beides bis auf das blanke Holz abkratzen. Auf diese Weise werden die Pilzsporen abgetötet. Diese Arbeit muss im Freien ausgeführt werden, um jegliches Brandrisiko zu vermeiden und auch im Winter, weil dann alle Bienen im Warmen in ihrer „Bienenwohnung“ versammelt sind. Zu jeder anderen Jahreszeit riskiert man, von den Bienen belagert zu werden.
- **Alle Kunststoffmaterialien oder Folien sowie die Rähmchen** werden in Natronlauge desinfiziert. Schaben Sie Wachs- und Propolisreste gut ab und lassen Sie die Rähmchen mindestens 10 Minuten lang einweichen.
- **Heiße Sodalauge und Sodaflocken** eignen sich ebenfalls hervorragend zum Desinfizieren. Damit kann man die Holzrahmen desinfizieren, das Wachs der Waben jedoch verseift mit Soda und führt zu noch stärkerer Erhitzung. Es empfiehlt sich, die Mischung (Sodalauge und Wasser) auf 65 °C zu erhitzen, danach den Kocher abzuschalten, da die chemische Reaktion zwischen Soda und Wachs die Temperatur ohnehin ansteigen lässt. Die Lauge wird im Verhältnis von 1 Liter Lauge auf 5 bis 10 Liter Wasser verwendet. Arbeiten Sie grundsätzlich im Freien und mit Schutzkleidung (siehe auch unter Januar).

ANMERKUNG: *Um Ihre eingelagerten Waben zu desinfizieren, können Sie Schwefelschnitten abbrennen.*

Ausgedienter Kühlschrank zur Aufbewahrung von Waben.

In einem Bienenhaus geschützte Völker mit Flugloch an der Rückseite (Kambodscha).

Bild rechte Seite:
Dreizargige Miniplus-Beute zur Überwinterung und zur Vorbereitung der Ablegervölkchen im Frühjahr.

darauf achten, dass die Beutenöffnungen nicht in starke Windrichtungen weisen.

Für sehr feuchtigkeitsanfällige Völker sind windige Standorte keine Gefahr. Trockene Standorte sind ganz allgemein gut für die Völker. An windigen Standorten bringt das Zusetzen einer Leerzarge unter den Brutraum sehr gute Ergebnisse.

Arbeiten am Bienenstand

Die Winterinspektion

Wie wir bereits gesehen haben, besteht die Arbeit im Winter hauptsächlich darin, die vom Schnee verschneiten Fluglöcher freizuräumen. Stellen Sie gegebenenfalls einen Ziegel gegen das Flugloch, damit nicht zuviel Licht die Bienen dazu verleitet, unvermutet auszufliegen, während die Temperatur noch zu kalt ist. Kontrollieren Sie auch die Stabilität der Dächer.

Behandlung der Völker

Jetzt ist der richtige Zeitpunkt für die Behandlung mit Oxalsäure. Ihre Wirksamkeit am brutfreien Volk wird auf 95 % geschätzt, aber für sich genommen reicht sie nicht aus, um ein gutes Imkerjahr zu garantieren.

Es ist gut, dass die Wirksamkeit von Varroabehandlungsmitteln von den Bieneninstituten gelehrt, betreut und überwacht wird. Da sich Empfehlungen mit der Zeit weiterentwickeln, sollten Sie sich darüber auf dem Laufenden halten und die technische Entwicklung sowie auch die Vorschriften zu unterschiedlichen Behandlungsmethoden verfolgen.

Nicht vergessen

Kontrollieren Sie regelmäßig die Vorräte in der Beute. Leichte Völker versorgen Sie mit neuen Futtervorräten, indem Sie Futterwaben aus besonders schweren Völkern mit vielen vollen Futterwaben zuhängen.

Tipp des Monats

Planen Sie Ihre Eingriffe am Bienenstand und Ihre Arbeit in der Werkstatt individuell für jeden Monat bzw. für jede Woche. Merken Sie sich auch den Termin des Imkerverbands vor. Nehmen Sie sich Zeit und aktualisieren Sie Ihr Zuchtbuch und bereiten Sie dasjenige für das kommende Jahr vor.

Mini-Plus
Beute
Mini-Plus
Beute

Anwendung von Oxalsäure zur Varroabekämpfung

Seit November ist das Volk brutfrei (zumindest theoretisch) und dieser brutfreie Zustand dauert in ganz Frankreich bis Januar an, außer im Süden, wo nach wie vor Brut vorhanden ist und die überlebenden Varroamilben an den Bienen anhaften. Zu diesem Zeitpunkt genügt eine Kontaktbehandlung, um einen Großteil der Milben abzutöten.

Oxalsäure ist ein natürliches Produkt und kommt in bestimmten Pflanzen wie beispielsweise dem Sauerampfer vor. Oxalsäure ist zwar wasser-, nicht jedoch fettlöslich. Daher dringt es auch nicht in das Wachs ein und somit hinterlässt eine Behandlung mit Oxalsäure im Dezember keinerlei Rückstände im Honig. Dennoch geht eine Behandlung mit Oxalsäure nicht ganz spurlos an den Bienen vorbei, da sie ihren Chitinpanzer angreift. Daher kann man die Behandlung nur einmal im Jahr durchführen. Die Königin, die mehrere Jahre lang lebt, ist die Bewohnerin, die dem größten Gesundheitsrisiko ausgesetzt ist.
Eine wirksame Methode besteht darin, eine Mischung aus Wasser und Oxalsäure auf alle Bienen aufzusprühen. Das ist nicht ganz einfach, zumal die Bienen dann sehr angriffslustig werden.
Ich empfehle Ihnen, die Lösung auf die in den Wabengassen sitzenden Bienen zu träufeln.

1

Verdünnen Sie 35 g Oxalsäure, dihydride Form mit einem Liter Wasser und 200 g Zuckerraffinade.

Achtung!

Oxalsäure wirkt toxisch, der Imker sollte sie nicht einatmen. Arbeiten Sie nur an einem belüfteten Ort und tragen Sie eine Schutzmaske, um den gefährlichen Staub nicht einatmen zu müssen. Die Oxalsäurelösung wird am Anwendungstag hergestellt, denn die Verdünnung verliert rasch an Wirkung, außer sie wird bei 5 °C aufbewahrt. Oxalsäure kann die Völker schwächen, daher ist nur eine Behandlung pro Jahr angeraten. Tragen Sie die Behandlung in Ihr Zucht- oder ein extra Behandlungsbuch ein.

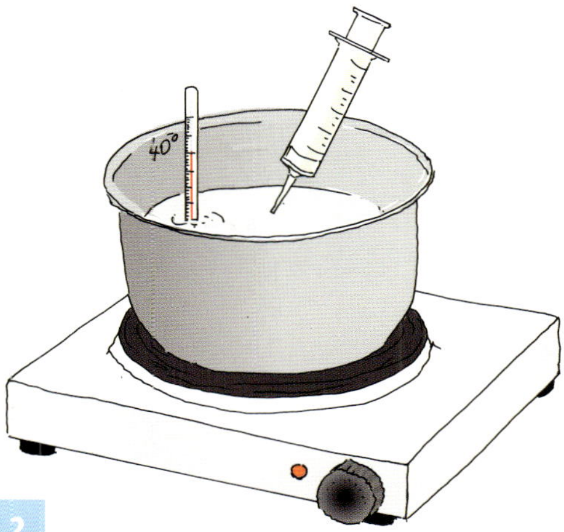

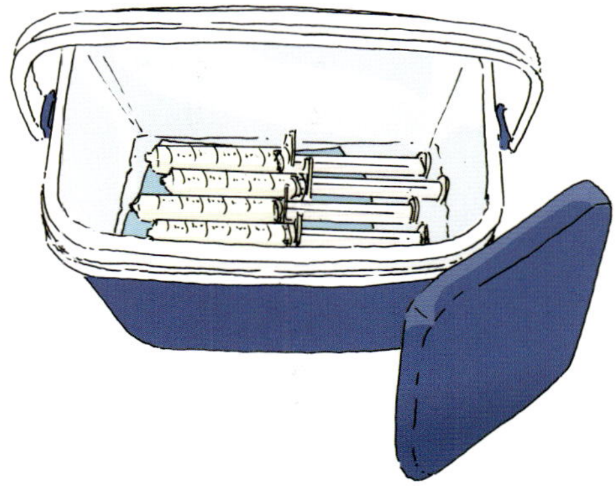

2

Die auf 40 °C erhitzte Lösung wird in 50 ml-Kunststoffspritzen abgefüllt.
Sie werden in einer Wärmebox aufbewahrt und sind gleich einsatzbereit, wobei eine Spritze pro Beute auf die Bienen aufgeträufelt wird.

3

Am Anwendungstag öffnen Sie schnell die Beute und räuchern Sie (ganz leicht).
Träufeln Sie auf die zwischen den Waben sichtbaren Bienen die lauwarme Lösung. Beachten Sie dabei die Dosis von 5 ml pro Wabengasse. Träufeln Sie die Lösung nur dort auf, wo sich tatsächlich auch Bienen befinden. Üblicherweise genügen 30 ml.
MEIN TIPP: *Achten Sie darauf, diese Behandlung an einem ruhigen und sonnigen Tag durchzuführen. Die Temperatur darf nicht unter minus 5 °C liegen, da die Bienen sonst durch die nasse Oxalsäure auf der Außenseite der Wintertraube verklammen können.*

Service

Glossar

Ableger
Eine Gruppe von Bienen, die aus einer Königin und der Hälfte des Muttervolkes besteht. Ableger haben einen starken Bautrieb, der durch Einfütterung noch verstärkt wird.

Ablegerkasten
Beute von derselben Größe wie die anderen Beuten des Bienenstandes, die jedoch nur 5 oder 6 Waben enthält. Ein Ablegerkasten ist nützlich zur Jungvolkbildung oder zur Isolierung der Königin mittels eines Königinnenablegers.

Ablegervölkchen
Kleines Volk, das ausschließlich zur Aufzucht einer Königin bestimmt ist. Für diese Völkchen gibt es Ablegerkästen mit 2 oder 3 Honigrahmen und 4 bis 6 Ablegerrähmchen wie z. B. die Miniplus-Beute.

Aminosäuren
Grundbestandteile der Proteine, die vom Körper selbst hergestellt werden können. Sie sind die einfachen Grundbausteine allen Lebens.

Ammen(bienen)
5 bis 10 Tage alte Arbeiterinnen, deren Kopfdrüsen aktiv sind und den Futtersaft bilden. Nach dem 10. Lebenstag werden ihre Wachsdrüsen aktiv und die Arbeiterin übernimmt nun eine andere Funktion.

Anbrüter oder Starter
Weiselloses Volk, das im wesentlichen künstlich aus Ammenbienen gebildet wurde, keinerlei offene Brut enthält, aber über reichlich Pollen, Honig, Zuckerwasser und Wasser verfügt. Ein Starter dient der Aufnahme von einem oder zwei Zuchtrahmen mit Weiselnapfhaltern. Da die Ammenbienen keine andere Brut als die ihnen eingesetzten Maden in den Weiselnäpfchen haben, ziehen sie diese als künftige Königinnen auf. Mit diesem Verfahren erzielt man Königinnenzuchtraten in der Größenordnung von 90 %. Der Starter wird 24 Stunden lang genutzt.

Anbrüter
Bienenvolk mit Königin und mit Königinabsperrgitter abgetrenntem Fach, in dem die Weiselnäpfe herangezogen werden können, aus denen junge Larven schlüpfen, um Königinnen zu werden. Die Anzucht erfolgt im Starter. Die Weiselzellen bleiben 4 Tage bis zu ihrer Verdeckelung im Anbrüter, bevor sie in den Endpfleger eingesetzt werden. Der Hobbyimker führt die Pflege der Zellen bis zum 10. Tag nach der Umlarvung im Pflegevolk durch, das so gleichzeitig als Endpfleger dient.

Begattungskästchen
Praktisches Hilfsmittel zur Bildung von Ablegervölkchen mit Brutwaben aus den Honigräumen. Das Begattungskästchen wird mit einem Minischwarm besetzt.

Behandlungsbuch
Imker, deren Erzeugnisse zum Verzehr abgegeben werden sollen, müssen ein Behandlungsbuch führen, in dem alles aufgeführt ist, was sich auf die Lebensmittelqualität der verzehrten Erzeugnisse auswirken könnte (Rückverfolgbarkeit), besonders Rückstände von Präparaten zur Bekämpfung von Krankheiten und Parasiten. Das Zuchtbuch muss die Präparate, die eingesetzten Dosen, die Anwendungsmethoden, die Behandlungsdaten sowie Namen und Anschrift der Lieferanten enthalten.

Beutenanstrich
Schützt die Beuten vor der Witterung und bei Holzbeuten auch gegen den Befall mit Pilzen (Blaufäule). Es gibt viele verschiedene Anstriche. Ungeeignet für das Streichen von Beuten sind Anstriche mit bioziden Wirkstoffen.

Bienenkorb
Rund geformte Bienenbehausung aus Stroh.

Bienenstand
Ort, an dem sich die Beuten befinden. In der Regel umfasst ein Bienenstand kaum mehr als 30 Beuten. Diese Anzahl entspricht einem abwechslungsreichen Trachtangebot im Umkreis von 800 Metern der Beuten.
Diese Angabe gilt für einen festen Bienenstand, auch „Bienenhaus" genannt. Bei der Wanderimkerei kann man 100 Beuten auf einen Hektar Raps verteilen. Umgekehrt ist ein Imkern in Gebieten mit Weizen- bzw. Weinmonokulturen praktisch unmöglich.

Bodenwindel
Hilfsmittel zur Zählung von Varroamilben, um den Befallsgrad der Völker einzuschätzen. Die Bodenwindel, eine dünne und starre Platte (Röntgenbild, Offsetfolie, PVC-Platte) wird unter den Gitterboden geschoben. Sie wird mit Fett (Schweineschmalz, Melkfett, Tafelöl) bestrichen, damit die Ameisen die Varroamilben nicht davontragen. 48 Stunden später zählt man den Milben-Totenfall auf der Windel. Fallen mehr als fünf Milben täglich, ist eine Behandlung gegen Milben dringend ratsam.

Brut
Gesamtheit an Maden, die sich in den Wabenzellen entwickeln. Das Brutnest oder der Brutraum ist der Raum, wo sich alle Brutwaben finden. Eine Brutwabe mit offener Brut erkennt man an den weißen Maden oder an den Eiern, die auf dem Grund der Wabenzellen liegen bzw. stehen. Verdeckelte Brutwaben erkennt man an der braunen Farbe der Brutdeckel, die überdies leicht gewölbt sind, während die Deckel von Honigwaben flach und durchscheinend und von hellgelber oder weißer Farbe sind.

Brutkasten
Auf eine Temperatur von 34,5 °C bis 35 °C eingestellter Anbrüter oder Beute, in die bis zum Verschulen verdeckelte Weiselzellen eingesetzt werden, d. h. am 10. Tag nach der Umlarvung.

Claerr-Beute
9-Waben-Magazinbeute mit den Innenmaßen 326 x 326 mm und einer Höhe von 250 mm.

Clipper
Kürzen Sie den Flügel einer Königin um ein Drittel ein, um ihr Wegfliegen im Falle des Schwärmens einzugrenzen. Auf diese Art und Weise kann man die Schwärme in der Nähe der Ursprungsbeute wiederfinden.

Dadant, Charles (1817–1902)
In die USA emigrierter Franzose, der ein Beutenmodell mit großen mobilen Rahmen erfand. Der Brutraum mit 10 Waben ist 45 cm lang, 38 cm breit und 32 cm hoch, der Honigraum nur halb so hoch. Ursprünglich konnte dieses Modell auf die Langstroth-Beute aufgesetzt werden.
Es gibt die Beute auch als 12-Waben-Modell. Die Dadant-Beute eignet sich gut für Regionen mit kurzen Trachtzeiten und langen Wintern, denn der Brutraum enthält große Honigvorräte und der kleinere Honigraum erlaubt bei jedem Trachteintrag Teilernten.

Drohnenbrütigkeit
Ein Volk, in dem nur noch unbefruchtete Eier heranreifen, ist drohnenbrütig Oft hat das Volk keine Königin mehr, sodass unbefruchtete Arbeiterinnen mit dem Eierlegen beginnen. Gelegentlich kommt es aber vor, dass eine Königin im Volk ist, deren Samenvorrat erschöpft ist. Auch sie legt nur noch Drohneneier.

Einfütterung
Die Gabe von Futter an die Bienen. Zur Einfütterung verwendet man in der Regel eine Zuckerlösung mit jeweils unterschiedlicher Konzentration von Zucker und Wasser, je nach Bedarf und Situation.

Einknäueln der Königin
Von den Arbeiterinnen im Moment ihres Zusetzens angegriffene Königin. Die Bienen formieren sich über der Königin zur Kugel, um sie totzustechen. Dieses Phänomen ist häufig dann zu beobachten, wenn die Königin gerade eben gezeichnet wurde. Da ihr Eigengeruch verwirbelt wurde, wird sie von ihrem Volk nicht wiedererkannt.

Entweiselung
Entnahme der Königin aus einem Volk, das auf diese Art zum weisellosen Volk wird.

Erweiterung der Völker
Vorgehensweise zur Vergrößerung des Lebensraums der Bienen, entweder durch Entnahme der im Herbst eingesetzten Trennschiede, die den Brutraum einengen oder durch Hinzufügen eines Honigraums oder einer Zarge.

Faulbrut
Brutkrankheit, sehr ansteckend und lebensgefährlich für die Völker. Da die Faulbrut häufig zu spät entdeckt wird, kann sie zumeist nur durch die Vernichtung des befallenen Volkes eingedämmt werden.

Fluglochgitter
Verstellbarer Fluglochschieber. Eine Seite des Schiebers ist auf der ganzen Länge ihrer Öffnung 1 cm hoch in Zahnform gestanzt, um das Eindringen kleiner Nagetiere zu verhindern. In die andere Seite, die das Flugloch vollständig verschließt und nur etwas Luft hineinlässt, sind kleine Löcher eingestanzt.

Folie
Am häufigsten wird hierzu Gewebeplane oder eine dicke Baufolie verwendet. Legt man sie auf die Wabenoberträger, wird sie von den Bienen mit Propolis verkittet und dichtet die Oberseite der Beute ab. Obenauf kann man einen Futterdeckel setzen, indem man die Plane unter dem Durchgang der Bienen faltet.
Die Plane kann man in der Mitte für ein Futtergefäß ausschneiden. Darüber legt man ein Brett mit zwei Leisten an einer Seite, die im Sommer ein Luftpolster bilden. Bei Wintereinbruch liegt es auf der Plane und dient als Wärmedämmung. Bienenzüchter decken ihre Anbrüter und Begattungskästchen mit einer durchsichtigen Plastikfolie ab, sodass die Beutendächer nicht mit Propolis zugekittet werden, wodurch die Begattungskästchen aus Styropor beschädigt würden.
Mit den transparenten Plastikfolien ist eine rasche Inspektion möglich, ohne diese Mini-Völkchen zu verkühlen.

Futtersaftdrüsen
Ausschließlich bei Arbeitsbienen vorhandene Drüsen, die im Kopf und teilweise im Thorax angesiedelt sind und den Königinnenfuttersaft erzeugen. Diese Drüsen sind in der Haupttrachtzeit etwa eine Woche und in der trachtärmeren Zeit mehrere Monate lang aktiv, vorausgesetzt, die Biene war nicht nur mit dem Verzehr von Pollen beschäftigt. Der nahrhafte Futterbrei mit einem geringeren Anteil an Gelée Royale wird an die Drohnen gefüttert, die sich nicht allein ernähren können.

Gelée Royale
Ein Futtersaft, der aus Aminosäuren und Zuckern besteht. Er ist die Erstlingsmilch der Maden und die Speise der Königinnen. Je nach Verwendungszweck enthält dieser Futtersaft verschiedene Hormone, die die Entwicklung der Eierstöcke der künftigen Königinnen beeinflussen.
Abhängig von der gefütterten Menge werden aus den Maden Königinnen oder Drohnenmütterchen (Arbeiterinnen mit einem teilweise entwickelten Geschlechtsapparat, die jedoch nicht begattet werden können, aber in der Lage sind, Eier zu legen, aus denen ausschließlich Drohnen schlüpfen) und Arbeiterinnen.
Dieser Futtersaft wird zur Ernährung der Königin verwendet, die je nach Menge an erhaltenem reinem Futtersaft mehr oder weniger schnell Eier legen kann. Eine ausschließlich mit einer hohen Dosis Königinnenfuttersaft ernährte Jungkönigin kann 2800 bis 3000 Eier pro Tag legen.

Halbrähmchen
Es gibt sie in unterschiedlichen Größen, die von Halbrähmchen für Honigräume bis zu Halbrähmchen für Bruträume oder Ablegerzargen reichen. Halbrähmchen gibt es für alle Beutentypen mit Ausnahme der kleinsten Modelle wie der Warré- oder Claerr-Beute. Für Halbrähmchen gibt es dazu passende Halbzargen, die auf die normal hohen Zargen der Beute passen.

Hoffmann
Rähmchen, das auf Grund seiner Bauweise einen regelmäßigen Wabenabstand von 37,5 mm bildet. Mit diesen Rähmchen braucht man keine Ohren und Krampen, um den Wabenabstand oben und unten einzuhalten. Sie sind sehr komfortabel für die Inspektion von Bruträumen, das Zusetzen von Königinzusetzkäfigen und Verschieben der Waben, ohne sie herauszunehmen. Glatte Streifen ersetzen die Ohren. Dennoch sind diese Rähmchen teurer, da auf ihre Herstellung viel Sorgfalt verwendet werden muss. Für die Honigräume sind sie nicht so gut geeignet, da sie die Entdeckelung erschweren. Ablegerrähmchen werden in der Regel auf diese Weise hergestellt.

Honigeintrag, Tracht
Zeitraum der Überfülle an Nektar auf Grund der intensiven Blühdauer einer oder mehrerer Pflanzenarten. Die Trachten von Obstbäumen im Frühjahr, von Raps, Akazien, Sonnenblumen, Lavendel, Klee, Jungfernrebe, Efeu und Tannen sind mehr oder weniger regelmäßig wiederkehrende Trachten.

Königinabfangzange
Zangenartiger „Clip“, mit dem die Königin auf einer Wabe verletzungsfrei gefasst werden kann. Die Öffnungen des Clips entsprechen der Größe der Arbeiterinnen, die leicht entweichen können.

Langstroth, Lorenzo Lorain (1810–1895)
In die USA emigrierter österreichischer Pfarrer, Freund von Charles Dadant, Autor zahlreicher, in den USA bekannter Werke über Bienenzucht, Erfinder der nach ihm benannten Langstroth-Beute. Der Brutraum mit 10 Waben misst 45 cm auf 37 cm und ist 24 cm hoch. Die Beute hat keinen Honigraum, die Zargen werden übereinander gestapelt. Die Langstroth-Beute ist eine Magazinbeute. Dieses Modell eignet sich gut in Gebieten mit hohen Honigeinträgen und kurzen Wintern, sodass die Brut zwei Zargen besetzen kann. Starke Völker auf zwei Brutzargen können bei hohem Honigeintrag eine komplette Honigzarge füllen. Die Langstroth-Beute ist die weltweit am meisten verbreitete Beute und wird bevorzugt von Imkern mit Wanderbeuten verwendet.

Mittelwand
Wachsplatte mit vorgeprägten Wabenmuster. Eine Mittelwand für Arbeiterinnen hat 800 Wabenzellen pro dm^2, Eine Mittelwand für Drohnen hat 490 Wabenzellen pro dm^2.

Mobilbau
Völkerführung auf Grundlage von Waben in beweglichen Holzrähmchen. Das Gegenteil von Stabilbau, bei dem in früheren Jahrhunderten häufig „Bienenkörbe“ verwendet werden. Dabei werden die Waben von den Bienen an den Seiten der Beute bzw. des Bienenkorbs festgebaut. Bereits die Griechen hatten Kenntnis vom Mobilbau. Die Erfindung des Rähmchens hat dem Mobilbau zu neuen Ehren verholfen.

Naturschwarm
Diese Art von Schwarm verlässt die Beute spontan. Ein Kunstschwarm wird vom Imker durch Entnahme von Waben mit ansitzenden Bienen oder durch Teilung des Volkes künstlich gebildet.

Nektar
Zuckerige Flüssigkeit, die von den Pflanzen produziert wird, um pollensammelnde Insekten anzulocken. Ein Mangel an Nektar wird durch eine Zuckerlösung bestehend aus weißem Zucker und Wasser im Verhältnis 50 : 50 (in Gewichtsteilen) ausgeglichen.

Nicotsystem
Zuchtkassette zum Aufstecken von 110 Weiselnäpfen und zum Käfigen der Königin, die in diese Weiselnäpfe bestiftet. Die Weiselnäpfe werden nach etwa 48 Stunden entfernt und die Königin freigelassen.

Pollen
Blütenstaub, männliche Vermehrungskörper der Pflanzen, die wegen ihres Eiweißreichtums zur Ernährung der Brut und der Jungbienen unentbehrlich sind. Ein Mangel an Pollen ist nur sehr schwer auszugleichen. Pollen wird von den Bienen niemals verdeckelt. In die Wabenzellen eingetragener Pollen ist von unterschiedlicher Farbe, die von Hellbeige über Gelb, Orange und Rot bis hin zu Schwarz reichen kann. Der glänzende Pollen wird in einem Gärungsprozess, der durch Enzyme aus dem Speichel der Bienen in Gang gesetzt wird, umgewandelt, sobald er in die Wabenzellen eingetragen wird. Dieser nach der Umwandlung auch „Bienenbrot“ genannte Pollen ist besonders gut bekömmlich und für die Ammenbienen bestimmt.

Populationsdynamik
Ausdruck der Demographen, um die Fortpflanzungsgeschwindigkeit von Populationen auszudrücken. Die Bienen schlüpfen 21 Tage nach Eiablage und sind sofort funktionsfähig. Ihre Lebensdauer von höchstens 6 Wochen im Sommer wird weitgehend durch die Legeintensität der Königin kompensiert, die bis Juni mehrere Tausend Eier pro Tag betragen kann. Danach lässt die Fortpflanzungsgeschwindigkeit nach und die Population nimmt zahlenmäßig ab. Die Populationsdynamik der Varroamilbe, die sich auf den Bienenmaden während ihrer Verpuppung fortpflanzt, ist 2,5 Mal so hoch wie die der Biene, d. h. wenn 100 Bienen schlüpfen, schlüpfen gleichzeitig 250 Varroamilben.

Propolis
Von den Bienen an Baumknospen gesammelte Masse. Die von den Bienen unbearbeitete Propolis besitzt die Wirkkräfte derjenigen Bäume, aus denen

sie hervorging. Propolis enthält Inhaltsstoffe mit antibiotischer Wirkung auf bestimmte Keime. Erwiesen ist ihre Heilkraft auf die Narbenheilung und Hauterneuerung. Propolis ist eines der in der Antike am meisten verwendeten Erzeugnisse.

Rahmen
Holzrahmen, der in die Beute eingehängt wird und Wachswaben enthält. Die Waben sind sehr zerbrechlich. Mit Edelstahl verdrahtete Holzrahmen verstärken die Waben, aus denen mittels Zentrifugation der Honig geschleudert werden kann. Die Erfindung des Wabenrahmens reicht zurück bis ans Ende des 18. Jahrhunderts, ab 1830 fand er durch Charles Dadant, einem in die USA emigrierten Franzosen, und Lorenzo Lorrain Langstroth, einen anderen Amerikaner und Freund von Charles Dadant, weite Verbreitung. Beide waren die Erfinder der nach ihnen benannten Beuten. Abbé Warré unterstellte insgeheim, dass die Erfindung des Rahmens von besonderem Interesse für die Verkäufer von Imkereizubehör sei, da diese die vorgeprägten Wachsplatten liefern, die in die Rahmen zur fertigen Wabe eingebaut werden. Charles Dadant handelte mit Imkereizubehör und die nach ihm benannte Gesellschaft existiert heute noch.

Schwärmen
Bestimmte Zuchtlinien sind schwarmfreudiger als andere. Ausschließlich auf Grundlage von Naturschwärmen bestehende Bienenstände sind selbst stark schwarmgefährdet. Diesem Merkmal wird durch strenge Zuchtauslese begegnet. Der Hobbyimker lernt, Königinnen zu züchten und kauft künstlich begattete Königinnen, die garantiert aus auf Sanftmut und geringe Schwarmtriebigkeit gezüchteten Zuchtlinien stammt. In der F1-Generation weisen die Merkmale der Töchter eine überwältigende Ähnlichkeit mit denen der Mutter auf.

Stille Umweiselung
Merkmal von Zuchtlinien, die häufig eine natürliche Form der Königinnenerneuerung vornehmen. Das Gegenteil von schwarmfreudigen Zuchtlinien.

Tagmata
Die Biene verfügt wie alle Insekten über einen dreifach gegliederten Körperbau, die Tagmata. Sie heißen Kopf (Caput), Bauch (Thorax) und Hinterleib (Abdomen). Alle Körperteile bestehen aus einzelnen Segmenten. So besteht der Hinterleib einer Arbeiterin aus 7 Leibensringen an deren Enden jeweils Wachsdrüsen sitzen.

Trennschied
Holz- oder Styrodurplatte, die passgenau in die Bruträume an Stelle von Waben eingesetzt werden. Mit Trennschieden werden die Völker im Herbst eingeengt.

Umlarvung
Umsiedlung von Maden, die aus einer Wabe mit offener Brut entnommen und in Weiselnäpfe aus Kunststoff eingesetzt werden. Für die Umlarvung steht ein eigenes Werkzeug, der sogenannte Umlarvlöffel, zur Verfügung.

Umsiedlung, Umlogierung
Trennung der Bienen von ihrer Brut. Eine Umsiedlung gelingt am besten von April bis Juni, selten danach.

Umweiseln
Auswechseln der Königin ohne Schwärmen. Die Altkönigin wird beim Schlupf der neuen Königin abgetötet. Manche Zuchtlinien praktizieren die Umweiselung recht häufig. Dabei handelt es sich um ein erbliches Merkmal, die sogenannte „stille Umweiselung“.

Varroa jacobsoni
Milbe, die sich an die Intersegmentalhaut der Biene anhaftet, sie durchsticht und sich von der Hämo-

lymphe der Biene ernährt. Die in Mitteleuropa 1983 aufgetretene Milbe asiatischer Herkunft besitzt keinen bekannten Feind und unsere Bienen der Gattung *Apis Mellifera* können sich im Gegensatz zu ihren asiatischen Artgenossinnen, der Östlichen Honigbiene, ihrer nicht erwehren. Die Varroaweibchen pflanzen sich in den Wabenzellen, in denen sich eine Made verpuppt, fort und die Jungbiene schlüpft bereits mit mehreren Varroamilben behaftet. Die Durchstechungen der Varroa lassen eine Vielzahl an Infektionen zu: Virosen, bakterielle Erkrankungen, usw., sind Folgeerkrankungen, ein Los, das alle Bienenvölker tragen. Wird die Varroa nicht bekämpft, stirbt der ganze Bienenstand innerhalb von 2 bis 3 Jahren ab.

Verdeckelung
Verschluss der Honig- oder Brutwabenzellen mit einem Deckel aus Wachs.

Volk
Das Bienenvolk ist eine Gemeinschaft von Bienen mit einer Königin, die ein Ganzes, den so genannten „Bien", bilden und sich durch Schwärme(n) fortpflanzen. Der Zusammenhalt dieser Gemeinschaft wird durch die von allen Individuen des Volks abgegebenen Pheromone gewährleistet.

Wabenoberträger
Obere gelegentlich mit einer Nut versehene Querleiste der Rahmen zum Einsetzen einer vorgeprägten Wachsplatte. Dank der schmalen Enden an beiden Seiten kann der Oberträger an den Rändern der Beute eingehängt werden. Diese Enden werden auch „Wabenauflage" genannt und können leicht brechen, wenn man sie zum Anheben der Waben mit dem Stockmeißel nutzt. Dies lässt sich vermeiden, wenn man den Stockmeißel unterhalb des Oberträgers und gegebenenfalls durch die Wabe hindurch einführt.

Wabenzelldeckel
Dünnes Wachsplättchen, das die Wabenzellen mit Honiginhalt verschließt. Mit Propolis vermischtes Wachs dient zur Verdeckelung von Brutwabenzellen.

Warré, Emile (Abbé)
Erfinder der so genannten „Magazinbeute" mit 8 Waben, deren Zargen quadratisch und 20 cm hoch sowie auf der Innenseite 30 cm lang sind. Mit dieser Beute werden die Völker auf Oberträgern geführt, d. h. einfachen Holzlatten, die ein kleines, wenige Zentimeter langes vorgeprägtes Wachsstück haben, das den Bienen die Wabenrichtung anzeigt, oder aber auch auf Oberträgern mit 7 cm hohen Schenkeln, um die Wabe zu verstärken und zu verhindern, dass sie an den Beutenrändern festklebt. Diese bewegliche Wabe wurde von Gilles Denis erfunden. Die Warré-Beute kann aber auch mit Rahmen nach dem von Marc Gatineau entwickelten Typ ausgestattet werden. Viele andere Imker haben diesen Rahmentyp aufgegriffen, um die ursprüngliche Idee zu bewahren, d. h. eine sehr ökonomische Beute zu schaffen, ohne kostspielige Mittelwände, die einfach in der Völkerführung ist und bei der die Honiggewinnung durch Zerkleinerung der Waben ohne Schleuder erfolgt. Da diese Beute klein ist, ist die dadurch höhere Innentemperatur günstig für die Reifung der Brut. Die Warré-Beute erfordert eine disziplinierte Völkerführung. Der angehende Imker wird schnell merken, und dass sich ein zu schwaches Volk nicht entwickeln wird, dass ein starkes Volk schnell schwärmen wird, wenn es nicht ausreichend viele übereinander gesetzt Zargen erhält. Bei den anderen Beutentypen bleibt diese Entwicklung länger unbemerkt.

Weiselnapf
Künstliche Zelle von 9 mm Durchmesser zur Nachschaffung durch die Bienen, um daraus eine Königin aufzuziehen. Gut zu wissen: Weiselnäpfchen aus Kunststoff werden besser angenommen als solche aus Wachs.

Wintertraube
Eine Gruppe von Bienen, die sich im Winter zu einer Kugel formiert, um sich warm zu halten. Die Wintertraube hängt an einer oder mehreren Waben, je nach Volksstärke.

Zeichnen von Königinnen
Das Zeichnen ist die gängigste Methode, Königinnen zu markieren. Mit nummerierten Plättchen kann man einzelne Zuchtlinien genau verfolgen und schwarmfreudige Völker identifizieren. Bienenzüchter kleben die Plättchen bevorzugt mit Sekundenkleber auf.

Zuchtrahmen
Rahmen mit Leisten, die Weiselbecher tragen, an denen 2 bis 3 Reihen von je 12 bis 16 Weiselbechern befestigt werden können.

Bienenarzneimittel

Den Imkern stehen zur Behandlung ihrer Völker nur wenige Medikamente zur Verfügung. Die verwendeten Pharmaka (Apiguard®, B401®, Mellonex®) haben eine Marktzulassung für Deutschland. Andere Präparate haben eine Marktzulassung für ein anderes europäisches Land innerhalb der EU: Oxalsäure, Ameisensäure, Thymol, ätherische Öle dürfen nur unter der Verantwortung des Imkers, manche davon nur auf Rezept eines Veterinärs, eingesetzt werden. Das sich die Zulassungen von Jahr zu Jahr ändern, empfiehlt sich die Rücksprache mit dem Veterinär, wenn Sie auf der sicheren Seite sein möchten

Bislang ist noch keine bakterielle Erkrankung durch Medikamente behandelbar. Die eine Zeitlang in der Imkerei empfohlenen Antibiotika werden nicht mehr eingesetzt. Das Präparat Fumidil B®, speziell zur Nosemabekämpfung, ist nicht mehr zugelassen. Ganz allgemein wurden zahlreiche Tierarzneimittel nach und nach vom Markt genommen, um mögliche Auswirkungen auf die Nahrungsmittelkette zu vermeiden. Dies hat zur Folge, dass die Zahl resistenter Keime, die die Gesundheit der Menschen gefährden, ansteigt.

Alle Präparate, ausgenommen B401® und Mellonex®, die gegen Wachsmotten auf den Waben außerhalb der Beuten eingesetzt werden, wirken aggressiv auf die Bienen, verkürzen somit die Lebensdauer der Königinnen und beeinträchtigen deren Fruchtbarkeit. Ausnahmslos alle Präparate sind gleichermaßen toxisch, einschließlich der ätherischen Öle, von denen manche bei niedrigen Temperaturen besonders aggressiv wirken.

Literatur

Benjamin, Alison, McCallum, Brian: Bienen halten und Honig herstellen. Verlag Eugen Ulmer, Stuttgart 2009.

Kohfink, Marc-Wilhelm: Bienen halten in der Stadt. Verlag Eugen Ulmer, Stuttgart 2010.

Lampeitl, Franz: Bienen halten. Verlag Eugen Ulmer, Stuttgart 2006.

Lampeitl, Franz: Bienenbeuten und Betriebsweisen. Verlag Eugen Ulmer, Stuttgart 2009.

Spürgin, Armin: Die Honigbiene Vom Bienenstaat zur Imkerei. Verlag Eugen Ulmer, Stuttgart 2008.

Tautz, Jürgen. Phänomen Honigbiene. Spektrum Akademischer Verlag, Heidelberg 2007.

Anschriften

Deutscher Imkerbund
Geschäftsstelle
mit Honiguntersuchungs- und Pressestelle:
Postanschrift:
Villiper Hauptstraße 3
53343 Wachtberg
Tel.: 02 28 / 93 29 20
E-Mail: deutscherimkerbund@t-online.de
Internet: www.deutscherimkerbund.de

Deutsche Imker- und Landesverbände
Baden-Württemberg:
Landesverband Badischer Imker e. V.
Bahnhofstraße 35
77767 Appenweier
Tel.: 0 78 05 / 20 10
E-Mail: LV.BAD.IMKER@t-online.de
Internet: www.badische-imker.de

Deutscher Berufs- und Erwerbs-Imker-Bund e. V.
Am Moosgraben 8
86919 Utting a. Ammersee
Tel.: 0 88 06 / 92 23 20
E-Mail: info@berufsimker.de
Internet: www.berufsimker.de

Gemeinschaft der europäischen Buckfastimker e. V. (GDEB)
Am Heisterkamp 7
29456 Hitzacker
Tel.: 0 58 62 / 98 56 46
E-Mail: Peter.Thiessel@t-online.de

Buckfastimkerverband Schweiz
Weidstraße 11
CH-6343 Rotkreuz
Tel.:00 41-41 / 7 90 57 82
E-Mail: philschilter@dplanet.ch und info@buckfastimker.ch

Österreichische Buckfastvereinigung
Kirchengasse 23
A-2751 Matzendorf
Tel.: 00 43-26 28 / 6 72 43
E-Mail: imkerei-lechner@aon.at

Buckfast Belangen Berenigd
Pals 29
NL-6931 DJ Westervoort
Tel.: 00 31-26 / 3 11 23 58
E-Mail: arno.kok@planet.nl

Bildquellen

Umschlagfotos:
Großes Foto: Fotolia SERGE2302
Kleine Fotos von links nach rechts: iStockphoto/Maxim Gostev, iStockphoto/Pasticcio, iStockphoto/Jolanta Vaitkeviciene, iStockphoto/Borislav Gnjidic

Alle Fotos im Innenteil stammen von Jean RIONDET und Éric PAGE, mit Ausnahme von:
– FOTOLIA: S. 4 SERGE2302; 6 Rémy MASSEGLIA; 7 Olivier BRUNET; 8 Rémy MASSEGLIA; 9 Quentin GUYOT; 10 Damien TAJAN; 12 Guillaume BESNARD; 13 (ob.) FLUCAS; 13 (u. re.) Birgit KUTZERA; 13 (u. li.) MEGA; 15 (ob.) Patrick BONNOR; 17 (u.) VAN TRUAN; 20 Drasko SERAFIMOVSKI; 25 (ob) Gérard SAUZE; 25 (u.) Amarine; 27 Djordje KOROVLJEVIC; 28 Dragisa Savic; 30 Corinne82; 35 (ob.) Hazel PROUDLOVE; 35 (u. li.) Jorge PERIS; 35 (u. re.) Christian PEDANT; 37 (ob.) Samuel GRAND; 2, 48 Remy MASSEGLIA; 53 Rémy MASSEGLIA; 57 Guy MASSARDIER; 58 (ob.) Rémy MASSEGLIA; 65 (u. re.) Alison BOWDEN; 65 (ob. Re.) Pascal BIERRET; 66 CAPNORD; 68 Julien de CADOUDAL; 70 Laurent AUBERT; 73 Valeriy KIRSANOV; 78 TSACH; 79 (li.) Olivier TUFFE; 79 (Mi.) LVP; 79 (re.) Rémy MASSEGLIA; 80 JAKEZC; 2, 88 Chantal CECHETTI; 89 (ob.) MARGOUILLAT photo; 89 (u. li.) Yves LEFEVRE; 89 (u. re.) Pegg BOEGNER; 90 (ob.) RRF; 95 Rémy MASSEGLIA; 95 Patrick BONNOR; 101 (ob.) EMER; 101 (u.) IOFLO69; 102 Magdalena YARAMOVA; 104 (ob.) Jeff BELLOY; 104 (u.) Elzbleta SEKOWSKA; 108 JANO; 109 Photocin; 110 Leonid NYSHKO; 111 (ob.) VIKTOR; 111 (u.) Rémy MASSEGLIA; 2, 114 (ob.) Laurent AUBERT; 136 PHOTLOOK; 148 Mohamed EL HAJJAMI; 150 Rémy MASSEGLIA; 154 Frédéric MASSARD.
– BIOSPHOTO: S. 199 (ob.) Mg de SAINT VENANT.
Illustrationen: Virginie JACOT

Besonderer Dank an Antoine RIONDET, Jan ONDRASIK und Hubert DODAT für ihren Beitrag. Dr. Marc-Wilhelm KOHFINK für die fachliche Durchsicht der deutschen Übersetzung.

Register

Impressum

Titel der französischen Originalausgabe:
Jean Riondet, L'apiculture mois par mois
© 2010, Les Éditions Eugen Ulmer, Paris

Aus dem Französischen von Claudia Händel

Bibliografische Information der Deutschen Nationalbibliothek
Die Deutsche Nationalbibliothek verzeichnet diese Publikation in der Deutschen Nationalbibliografie; detaillierte bibliografische Daten sind im Internet über http://dnb.d-nb.de abrufbar.

Wollgrasweg 41, 70599 Stuttgart (Hohenheim)
E-Mail: info@ulmer.de
Internet: www.ulmer.de
Umschlagentwurf: Anette Vogt, Stuttgart
Lektorat: Dr. Eva-Maria Götz, Silke Behling
Herstellung: Gabriele Wieczorek
Satz: r&p digitale medien, Echterdingen
Druck und Bindung: Westermann-Druck, Zwickau
Printed in Germany

ISBN 978-3-8001-7599-4